信息产业核心关键技术自主创新出版工程

AIRIOT 物联网平台开发框架应用与实战

主 编 袁 宁

副主编 郭禄鹏 赵 娥

参 编 田 淼 胡永涛 薛 瑞 唐 进

机械工业出版社

本书全面介绍了 AIRIOT 物联网平台开发框架的产品定位、特性及基础功能模块、二次开发能力、系统集成能力，以及大数据与人工智能应用和典型的项目案例，涉及大量工程应用内容。通过本书的学习，读者可方便地根据实际需求实现基于 AIRIOT 的物联网应用。

本书适合作为高等工科院校物联网工程、人工智能、自动化、测控技术与仪器、计算机等专业的物联网技术与应用相关课程的教材，也适合物联网平台应用开发技术人员使用。

图书在版编目（CIP）数据

AIRIOT 物联网平台开发框架应用与实战 / 袁宁主编. —北京：机械工业出版社，2021.1

ISBN 978-7-111-67273-9

Ⅰ. ①A… Ⅱ. ①袁… Ⅲ. ①物联网-程序设计 Ⅳ. ①TP393.4 ②TP18

中国版本图书馆 CIP 数据核字（2020）第 264789 号

机械工业出版社（北京市百万庄大街 22 号 邮政编码 100037）

策划编辑：白文亭 责任编辑：白文亭
责任校对：张艳霞 责任印制：郜 敏

河北宝昌佳彩印刷有限公司印刷

2021 年 1 月·第 1 版·第 1 次印刷
184mm×260mm·14.75 印张·359 千字
0001—3500 册
标准书号：ISBN 978-7-111-67273-9
定价：69.00 元

电话服务　　　　　　　　　　　网络服务

客服电话：010-88361066　　　　机　工　官　网：www.cmpbook.com

　　　　　010-88379833　　　　机　工　官　博：weibo.com/cmp1952

　　　　　010-68326294　　　　金　书　网：www.golden-book.com

封底无防伪标均为盗版　　　　机工教育服务网：www.cmpedu.com

序一

物联网的发展是通信、互联网、大数据处理、智能传感等技术发展和工业生产转型升级发展要求融合的必然结果，面对新一轮技术革命带来的历史机遇和新的发展蓝海领域，必然会引发产业、经济和社会的变革，各国纷纷进行物联网战略布局，以期抢抓未来国际经济科技竞争主动权。

我国物联网发展前瞻性强，技术处于世界领先水平。2020 年，全球物联网连接数超过 11.7 亿，中国市场占比 75%，已初步形成规模经济和产业化优势，将决定世界物联网的发展趋势。同时，随着我国物联网的快速发展，面临缺乏物联网统一标准，设备难以实现大范围互联互通等问题，对我国物联网建设与普及、产业化及规模化高质量发展造成影响。市场对于一款适用于物联网多行业及领域的物联网平台开发框架及应用产品的需求迫在眉睫，这样一款产品将对推动物联网技术普及和产业高质量发展有着重要意义。

《AIRIOT 物联网平台开发框架应用与实战》一书，严格遵循物联网参考体系结构国际标准 ISO/IEC 30141，秉承一致性系统分解模式和开放性的标准设计理念，立足教学和应用需求，集成了国内外现有智能传感设备、主流厂商 PLC/DCS 以及第三方系统 95%以上的驱动程序，将不同行业应用逻辑抽象形成通用的组件、模块、表单等，支持大数据分析、人工智能等业务数据深度应用，解决了物联网开发平台普及和大范围应用的问题，将对实现物联网产业生态建设，以及物联网产业高质量发展起到积极的作用。

本书编著团队长期从事物联网应用研究，有丰富的实践经验，对大范围应用需求有十分深刻的理解。相信本书的出版有助于读者全面、深刻地认识和了解物联网平台开发的相关知识，为推动我国物联网人才培养及产业发展做出更大的贡献！

中国工程院院士、北斗卫星导航系统奠基人、国防科技大学博士生导师

沈荣骏

序二

2005 年 11 月 17 日，在突尼斯举行的信息社会世界峰会（WSIS）上，国际电信联盟（ITU）发布《ITU 互联网报告 2005：物联网》，首次正式提出了物联网的概念，物联网被认为是能掀起"互联网"浪潮之后的又一次科技产业革命，是信息产业革命第三次浪潮和第四次工业革命的核心支撑，物联网发展必然会引发产业、经济和社会的变革，重构我们的世界。

我国在物联网领域前瞻性强，布局早，速度快，2014 年 9 月 2 日，我国提出的《物联网参考体系结构》国际标准工作项目获得 ISO/IEC JTC1 正式批准，国际标准项目号为 ISO/IEC 30141。其正式立项标志着我国拥有了国际物联网标准最高话语权，也意味着我国开始主导物联网国际标准化工作。

我国物联网的发展同时也面临着一大难题，那就是目前国内物联网设备厂商众多，这就导致很多物联网设备无法实现互联互通，对市场、对用户都造成了非常大的不便，给高校相关学科的教学与实践也造成了困惑，严重阻碍了我国物联网建设与发展。AIRIOT 物联网平台应用开发框架解决了物联网覆盖范围广、行业差别大、智能物联设备标准繁杂等瓶颈问题，用户通过拖拉拽即可实现各类物联设备的数据接入、定制化应用构建、业务数据分析、智能运维以及决策优化等，真正让每个用户都成为物联网应用的构建者，通过用户促进物联网产业深度融合以及产业链纵向延伸、横向扩展，实现物联网生态建设，加快物联网的推广普及和深度应用。

本书从用户和教学的角度，讲解如何基于 AIRIOT 物联网平台开发框架快速构建适用于特定用户领域、应用场景的应用平台；同时，本书配有视频课程及实践学习软件等完善、可共享的配套教学、学习资源，相信无论是刚接触物联网领域的学生，还是从事物联网领域研究、应用的人员均可从中受益。

北京工业大学耿丹学院院长

前　言

物联网泛指物物相联，涵盖通信、互联网、传感、软件、大数据、云计算、人工智能等多个领域的技术，这些领域的技术不断取得突破并深深地相互影响。物联网被认为是"互联网"浪潮之后的又一次科技产业革命。2008 年开始，为了促进科技发展，寻找新的经济增长点，各国政府的发展规划都陆续聚焦在物联网技术的研究与应用上。2009 年"感知中国"的战略建议被提出之后，物联网被正式列为国家五大新兴战略性产业之一，并写入《政府工作报告》。近年来，我国在智能工业、智能农业、智能物流、智能交通、智能环保、智能安防、智能医疗、智能家居等重点领域推广物联网研究与示范应用，逐渐改变了社会的生产方式，大大提高了生产效率和社会生产力，并逐步改变着这些产业的结构，推动国家智能制造的转型升级。

在可以预见的未来，物联网技术将改变所有行业，只不过有些行业普及得早些，有些行业发展会滞后些，而制约普及的根本原因是每个行业各自特点及应用场景交织的复杂度。AIRIOT 物联网平台开发框架（以下简称"AIRIOT"）针对此痛点，为工业领域的工程应用提供了一个实用的物联网低代码开发工具平台。

AIRIOT 自 2011 年开始研发，秉承国家物联网建设的发展指导思想，对多个不同的行业业务进行研究分析，在性能稳定、架构灵活的基础上，持续将业务抽象成通用的模块、组件、表单等，并经过 9 年的项目应用实践的检验，持续优化，逐步形成了一款拥有完全自主知识产权、图形化开发、全面快速感知（驱动覆盖 95%以上感知设备）、快速构建不同行业应用、开放的物联网平台开发框架产品，能够让企业自己的人员自主开发物联网应用平台，已在石油、电力等领域以及高校物联网、自动化等专业应用。

本书是基于用户和合作高校的 AIRIOT 培训与学习需求，并结合编者多年教学及实践经验，融入理论与实践一体化的教学模式而编写的，各章节均配有应用实例讲解 AIRIOT 各个功能的实现，并留有相关实践作业，最后通过 3 个完整的系统化应用实例，从项目应用场景与需求分析、系统设计及应用实现讲述了 AIRIOT 实际应用场景的系统构建，使读者能够在了解 AIRIOT 各项功能模块的基础上，具备实际项目的实践应用能力。当你即将展开学习和阅读本书时，也许正是一次触摸未来时代脉搏的开端。它的价值在于亲身参与和对物联网应用的探索实践，读者在学习过程中可根据自身需求，逐步搭建适合自己的物联网应用平台，系统地掌握基于 AIRIOT 的物联网应用与实现。

本书由袁宁担任主编，并负责第 1 章、第 2 章的编写及全书统稿。由郭禄鹏（第 3 章、第 4 章、第 5 章）、赵娥（第 7 章、第 9 章、第 10 章、第 11 章）担任副主编。参与编写工作的还有田淼（第 13 章）、胡永涛（第 6 章、第 8 章、第 14 章）、薛瑞及唐进（第 12 章）。

在本书出版过程中，国内外许多同行都给予了鼓励和支持，并在写作的过程中提供了很多帮助，特别感谢河南工学院电气工程与自动化学院常文平院长对本书的编写出版给予的支持和帮助，非常感谢 AIRIOT 研发团队提供的有关技术资料与技术支持。物联网所涉及的内容跨越多个学科，而我们的研究和实践只限于部分方面，因此，本书实际上凝练了很多物联网领域从业者的智慧和见解，在此对这些专家表示衷心的感谢。

在编写过程中，我们尽可能地把 AIRIOT 产品的定位、功能及使用等讲述准确、清晰、易于理解，但由于水平有限，书中难免存在错误或疏漏之处，敬请读者批评指正。

编　者

2020 年 11 月于北京

目　录

第1章 AIRIOT 基础知识

物联网（Internet of Things，IoT）是普遍联系的网络，是基于互联网、电信网等信息网络的承载体，可以视为互联网的延伸和升级，是科学技术发展的必然，也被称为继计算机、互联网和移动通信网络之后的第三次信息技术革命。

在信息技术发展和物联网应用的推进中，人类对外在物质世界的感知信息都将被纳入物联网之中。物联网融合了各种网络，实现了人类社会与物理系统的深度融合。人类借助物联网，以更加精细和动态的方式管理生产和生活。物联网正在给人们的生活方式带来革命性的变化，同时也正推动着新的生产力形式的变革，将人与自然界中的各种物质紧密连接在一起，大大提高了生产效率和社会生产力，其广阔的应用前景受到了世界各国的高度关注，被称为全球下一个万亿美元级规模的新兴产业之一。

2010 年 10 月 18 日，《国务院关于加快培育和发展战略性新兴产业的决定》中将物联网作为新一代信息技术里面的重要一项，物联网成为国家首批加快培育的七个战略性新兴产业之一。工业和信息化部在《物联网发展规划（2016—2020 年）》中提出了物联网发展的六大任务、四大关键技术和六大重点领域应用示范工程，为下一步的物联网发展指出了一条光明的道路。2020 年 5 月 7 日，工业和信息化部发布工信厅通信〔2020〕25 号文，即《工业和信息化部办公厅关于深入推进移动物联网全面发展的通知》。综上可以看出我国推动物联网广泛应用的坚定决心，物联网的规模会越来越大。

同时，为满足物联网技术研究与应用的大规模人才需要，教育部 2017 年印发的《普通高中课程方案和语文等学科课程标准（2017 年版）》，即"新课标"改革中，正式将人工智能、物联网、大数据处理划入新课标。教育部在深入推进高校"新工科建设"中提出，优化本科专业结构，支撑引领产业转型升级，要引导高校根据经济社会发展需要和办学能力，加大大数据、物联网相关专业人才培养力度，组建人工智能、大数据、智能制造等项目群，加快项目交流沟通，集聚产业资源，推进校际、校企协同。为推进新工科再深化，2019 年教育部多次召开专题交流会，成立"全国新工科教育创新中心"，以产学合作、协同育人项目为平台，推动合作办学、合作育人、合作就业、合作发展，持续完善产教融合、协同育人的长效机制。探索形成中国特色、世界水平的新工科教育体系，打造世界工程创新中心和人才高地。

稳定、灵活、通用的物联网产品架构对促进物联网健康、规模发展具有重要的意义，也是研究和关注的焦点，如欧洲 IoT-A 项目，并不研究智慧城市、智慧农业、智慧电网、智慧医疗等具体应用领域架构，而是从跨应用领域的角度出发研究。我国也设立了国家专项项目进行研究，为物联网建设提供宏观参考指导。AIRIOT 物联网平台开发框架（以下简称"AIRIOT"）自 2011 年开始秉承国家物联网建设的发展指导思想，对多个不同的行业业务进行研究分析，在性能稳定、架构灵活的基础上，持续将业务抽象成通用的模块、组件、表单等，并经过 9 年的项目应用实践检验，持续优化，逐步形成了一款拥有完全自主知识产权、图形化开发、全面快速感知（驱动覆盖 95%以上感知设备）、快速构建不同行业应用、开放的物联网平台开发框架产品，已在石油、电力、管网领域以及高校物联网、自动化等专业应用。

1.1 AIRIOT 概述

1.1.1 AIRIOT 的产品定位及特性

1. AIRIOT 定位

社会上有越来越多的专注行业的物联网平台纷纷涌现，这些平台纷繁复杂，琳琅满目。但是各行各业都需要建设符合行业特点的物联网应用平台，企业管理者对于平台的应用变更得不到快速响应，大量的开发时间用在企业管理者、专业技术人员与程序员之间的沟通上，企业需要一种用户可快速实现物联网应用的开发工具，AIRIOT 就是一款拥有完全自主知识产权的低代码物联网平台开发工具，可快速生成物联网应用平台。

AIRIOT 是 Accelerate Industry Relationship Internet of Things 的缩写，意为加速工业关系变革的物联网工具，根据工业物联网平台标准架构设计，抽象了很多基础概念、基本元素、通用组件，同时丰富了通用接口，能够满足各行业用户快速构建定制化应用的需求，降低了对平台开发人员的编程能力要求，快速响应用户需求的频繁变更，让平台运维变得更加简单便捷。

通过简单的学习，不管是终端设备商、平台服务商、通信运营商、网络设备服务商、解决方案提供商的技术人员，还是企业管理人员，都能够基于 AIRIOT 快速构建物联网应用平台，不仅可节约开发的时间成本和人工成本，也让企业自己的人员能够自主开发物联网应用平台，让平台开发人员更加关注企业的业务本身和物联网平台的实用效果，而不是开发编程。

AIRIOT 的可视化功能使其成为一款所见即所得的物联网平台通用开发工具，是快速开发稳定健壮的物联网应用平台的必备软件；此外，AIRIOT 内部集成了丰富的驱动，已成为各类物联网设备驱动翻译器，也是为万物互联赋能的新型平台开发工具。

2. AIRIOT 特性

（1）模型化管理

AIRIOT 采用模型化管理设计，将一类事物或设备属性抽象为统一的模型，通过一次模型配置，实现同类型设备复用的效果，配置的属性包括基础属性、设备配置、报警配置、流计算数据点、画面配置、地理信息配置、网络检查、自定义属性、事件配置等，模型化的实现增强了管理的统一性、便捷性和高效性。

（2）快速的图形化业务流程开发

AIRIOT 采用 React+Antd 技术，并支持移动端 H5 技术，支持任意组件进行动画配置、布局配置、事件配置等，用户可以通过拖曳组件的方式实现业务流程开发，大幅缩减开发成本和周期，提高开发效率。

（3）自定义报表

AIRIOT 的报表是系统参数显示的记录表格，支持用户自定义，可根据实际需要显示参数，并可随时修改。报表可以制作二级表头，同时报表筛选也支持用户自定义，提升了报表的灵活性。

（4）智能报警

AIRIOT 支持简单和复杂逻辑报警规则自定义，用户可根据业务需求定制报警规则和报警信息的全方位推送，实现精准报警，避免误报漏报。同时，AIRIOT 支持报警信息大数据分析，通过报警模型优化设计，实现资产的智能预诊。

（5）高效的数据自由采集

AIRIOT 支持两百余种常见的主流驱动及私有协议，包括通用驱动（Modbus/TCP、OPC-DA、OPC-UA、MQTT 等）、无线驱动（Lora、OneNet 等）、厂商驱动（AB、西门子、倍福等）、行业驱动等，目前已覆盖市场在用设备的 95%以上，可实现各类设备、系统数据的快速接入；同时，支持基于 SDK 快速开发驱动，提供便捷的在线调试工具，提高开发效率。

（6）海量数据高效处理

AIRIOT 适配国产时序数据库涛思 TDEngine、兼容 influxDB 等国内外主流时序数据库。其中，TDEngine 采用分布式高可靠架构设计，完全去中心化的时序数据处理引擎，写入速度达 100 万数据点/秒，读取速度达 1000 万数据点/秒，适用于高速增长的物联网大数据应用场景，还提供缓存、数据订阅、流式计算等功能，最大程度降低研发和运维的复杂度。

AIRIOT 实时流计算功能支持用户可以根据自身数据需求，通过自定义算法，实时地对平台数据进行统计、计算及映射，实现对数据的实时统计与计算。

（7）便捷、友好的二次开发

AIRIOT 提供 Go、Java、Node、Python 等多语言 SDK 工具包、丰富的 API 及相关文档，用户可进行组件、接口服务、任务（计算）服务和驱动程序的快速开发、发布与运行。

（8）强大的系统集成能力

AIRIOT 目前已集成了地理信息系统（Geographic Information System, GIS）、视频监控系统（海康威视、大华等）、安防系统、工单系统等数十种主流应用系统。

1.1.2　AIRIOT 的系统架构

物联网系统架构是物联网系统组成的抽象描述，AIRIOT 采用 B/S 架构，符合工业物联网国家标准 GB/T 33474—2016，实现了包括数据采集、设备接入、资源管理、建模分析和应用开发、可视化展示等方面的功能。AIRIOT 的系统架构如图 1-1 所示，从底层到上层包括边缘层、基础层、平台层、应用层和展示层等。

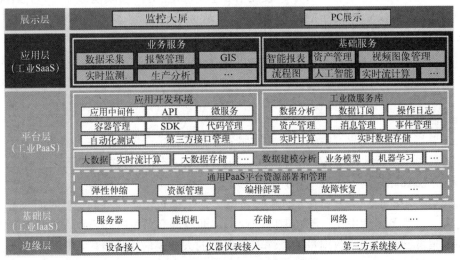

图 1-1　AIRIOT 的系统架构

1. 边缘层

物联网使用大量的联网传感器和执行器来监视和控制生产及运行过程，这些传感器和执行器的集合称为边缘层，典型的边缘层节点位于或接近它所服务的机器。AIRIOT 边缘层接入提供设备、传感器及仪器仪表、PLC/DCS 及第三方系统接入。

2．基础层

基础层又称基础服务层（Infrastructure as a Service，IaaS），为系统提供基础设施服务，如处理器、内存、存储、网络及其他基本计算资源，用户可在该层部署和运行任意软件，包括操作系统和应用程序。

3．平台层

平台层又称平台服务层（Platform as a Service，PaaS），为系统提供平台服务，用户不需要管理或控制 IaaS 层的基础设施，但能控制部署应用程序，也能控制运行应用程序的托管环境配置。AIRIOT 平台层提供通用 PaaS 平台资源部署和管理、大数据存储、建模分析、应用开发环境和微服务库等服务，保证用户方便、快捷地构建物联网平台。

4．应用层

应用层又称软件服务层（Software as a Service，SaaS），主要为用户提供各种业务和管理服务，用户可以在各种设备上通过 Web 浏览器、APP 等客户端访问系统资源，无须关注基础设施。AIRIOT 应用层提供了大量业务服务和基础服务程序，用户可根据实际需要，方便地构建应用。

5．展示层

展示层是基于浏览器的前端展示界面，显示所有的设备信息、资产信息、生产数据报表等以及实时报警信息，并提供交互友好的前端操作界面。可实现包括可视化大屏在内的多终端无缝切换展示，多终端包括 PC 终端、移动终端等，展示内容支持用户自定义。同时，支持 3D 技术或集成 3D 模型，对应用场景、资产实现统一化展示和管理。

1.1.3　AIRIOT 的安装部署

AIRIOT 平台部署基于容器技术，使用容器技术将应用打包成镜像文件，应用容器化管理，实现应用服务独立、灵活的自动化部署，从而快速构建安全、高性能的物联网应用平台。AIRIOT 支持多种部署方式：①支持分布式集群部署与单机部署，适应不同业务场景，为用户带来更多选择；②支持跨平台部署，可在 Linux、Windows 等操作系统及 ARM、X86 处理器架构部署运行；③持公有化及私有化部署，可将应用部署到公有云、私有云和混合云中。

1．单机部署

单机部署将应用、采集、中间件、支撑服务、数据库等全部部署在一台服务器上，通过执行安装包脚本程序，一键式安装部署并自动启动。单机部署结构如图 1-2 所示。

2．分布式集群部署

分布式是将不同的业务分布在不同的服务器上，以缩短单个任务的执行时间来提升效率，集群是将若干台服务器集中在一起实现同一业务，通过提高单位时间内执行的任务数来提高效率。分布式集群部署适用于数据量大、性能要求高的大规模应用场景。AIRIOT 支持分布式集群部署，根据系统应用规模将应用程序、数据库、采集程序等服务分布式部署在独立的服务器上，从而提高数据接入能力、数据库存储能力、可靠性、可用性和扩展性。分布式部署架构如图 1-3 所示。

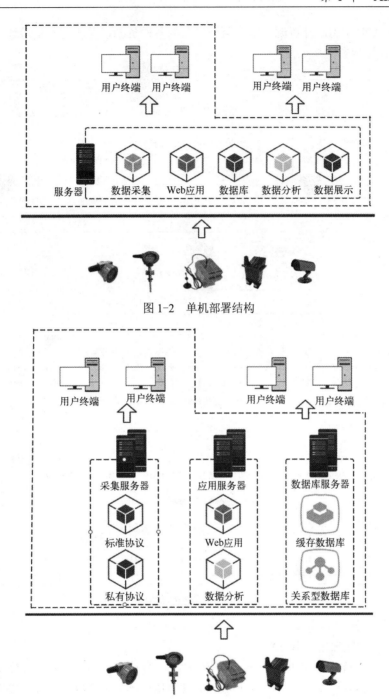

图 1-2　单机部署结构

图 1-3　分布式部署架构

3. 云环境部署

云环境部署基于容器方式，依托 IaaS 云资源服务，将应用服务独立、灵活地部署在云环境中，具备自动化部署、大规模可伸缩、应用容器化管理能力，从而可构建安全、高性能的应用云平台；支持基于用户需求快速创建、自由组合、灵活复用的应用系统，从而提供特色化、规模化、定制化等服务。AIRIOT 可将现有各种业务能力进行整合，具体可以归类为应用服务、业务能力接入、业务引擎、业务开放平台，向下根据业务能力需要提供测算基础服务能力，通过 IaaS 提供的 API 调用硬件资源，实时监控平台的各种资源，并将这些资源通过 API 开放给 SaaS 用户。云环境部署架构如图 1-4 所示。

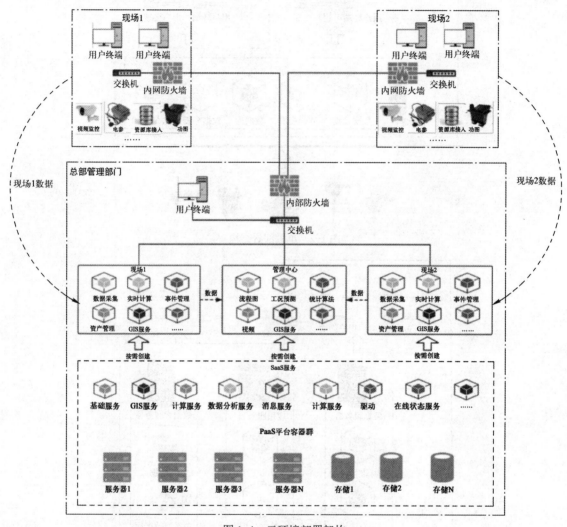

图 1-4　云环境部署架构

4. 单机部署示例

（1）Windows 系统部署 AIRIOT

AIRIOT 可在支持虚拟化的 Windows 专业版、企业版和家庭版等系统中部署，推荐 Windows 10 专业版或企业版，版本号为 15063+，家庭版版本号为 19018+，具体部署步骤如下。

1）查看系统版本：在 Windows 系统部署 AIRIOT 时应首先查看系统版本，Windows 10 系统版本可在系统信息界面查看，打开系统信息界面步骤如图 1-5 所示，在桌面双击"此电脑"，在"此电脑"界面菜单栏单击"计算机"→"系统属性"，打开系统信息界面，如图 1-6 所示，在"Windows 规格"项可以看到操作系统版本，此处版本为 Windows 10 专业版，版本号为 19041.450，高于 AIRIOT 推荐的 15063，满足部署要求。如果查询到的版本及版本号不满足部署要求，则需更新 Windows 操作系统。

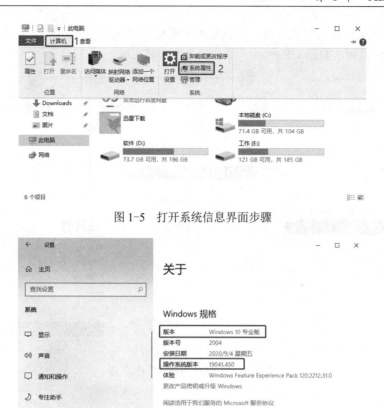

图 1-5　打开系统信息界面步骤

图 1-6　系统信息界面

2）配置系统：通过 http://airiot-edu.cn 页面或扫描本书封底二维码下载安装包，解压安装包后进入安装包目录，首先右击"setup.bat"，选择以管理员身份运行，安装过程中请勾选 Linux container 模式（若有该选项），其余保持默认，安装完成后重启计算机。

3）安装 AIRIOT：双击"install.bat"，完成 AIRIOT 安装。

4）查看 IP：在命令行输入 ipconfig，查看 IP 地址，如图 1-7 所示。

图 1-7　命令行查看 IP 地址

5）打开系统：打开浏览器，在地址栏输入"IP 地址:端口号/admin"（IP 地址和端口号之间有英文冒号"："，AIRIOT 默认端口号为 3030）后按〈Enter〉键，打开 AIRIOT 平台初始化界面，如图 1-8a 所示，在 AIRIOT 平台初始化界面设置管理员密码并提交。随后选择场景并提交，如图 1-8b 所示，场景有个人版和企业版，个人版主要用于教学、创新研究、工程技术人员等免费使用，企业版主要是服务于企事业单位用户，此处选择个人版。最后进行系统配置，输入"系统名称""系统版权信息"，设置"系统 logo"，选择"系统布局"和"系统主题"，如

图 1-8c 所示。提交后进入登录界面，输入管理员账号（admin）及密码（之前设置的密码），进入 AIRIOT 后台页面，如图 1-9 所示。至此，系统安装完成。

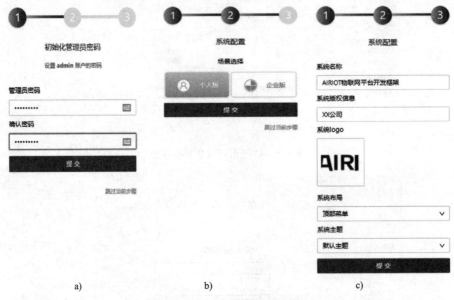

a)   b)   c)

图 1-8 AIRIOT 平台初始化界面

a) 设置管理员密码 b) 选择场景 c)系统配置

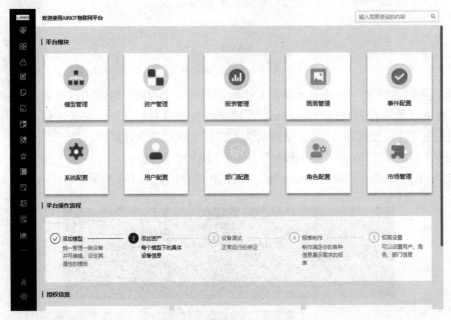

图 1-9 AIRIOT 后台页面

注意：安装容器时根据系统版本不同，会有开启"Hyper-V"或"WSL 2"的选项，此处为"WSL 2"，各项选择默认安装即可。如果为"Hyper-V"，则需先开启 Hyper-V 功能，步骤如下："控制面板"→"程序"→"程序和功能"→"启用或关闭 Windows 功能"→勾选"Hyper-V"→"确定"。开启 Hyper-V 功能具体操作如图 1-10 所示，开启完成后按要求重启计算机。

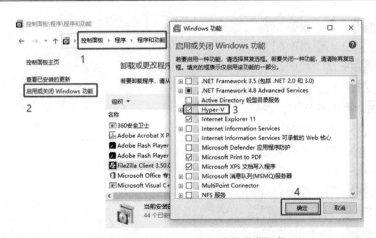

图 1-10　开启 Hyper-V 功能具体操作

（2）Linux 系统部署 AIRIOT

AIRIOT 支持 Linux 系统安装部署，要求内核版本 3.10.0 及以上。在 Linux 系统部署较简单，步骤如下。

1）将安装包复制到"/root"目录下，执行解压缩，解压缩命令为"tar -zxvf xxx.tar.gz"，其中"xxx"为安装包名。

2）解压完成后在当前目录下出现"app"目录，进入"app"目录，命令为"cd app"。

3）在"app"目录下执行安装，命令为"./install.sh"。

4）安装完成后，用浏览器打开"IP 地址:端口号/admin"，出现 AIRIOT 初始化界面，安装完成。

1.1.4　AIRIOT 平台规划

AIRIOT 规划分为前台和后台，两者相互分离，提供不同的入口。前台为现场用户入口，主要用于现场用户实时查看资产运行状态等。后台为开发工程师入口，开发工程师通过后台制作画面、配置模型及资产、配置权限等，同时可将二次开发的组件和服务部署于后台，最终在前台展示给用户。

AIRIOT 前台入口为"IP 地址:端口号"，前台页面如图 1-11 所示，前台页面显示的所有内容及页面结构均通过后台进行设置，默认页面为上下结构，上方为用户希望前台能够使用的菜单项，此处设置了系统 Logo（标志）、名称、主菜单（资产管理、在线状态、报表查看和数据分析）、报警提示及时间，下方为页面内容。

图 1-11　前台页面

AIRIOT 后台入口为"IP 地址:端口号/admin"，后台页面如图 1-9 所示，页面为左右结构，左侧为系统主菜单，右侧包括平台模块（常用）、平台操作流程和授权信息三部分内容。系统主菜单用图标表示，将光标置于图标处，图标右侧自动出现菜单名称。

主菜单从上往下依次如下。

1）模型管理🖼：用于模型配置。

2）资产管理🔡：用于资产配置。

3）权限管理🔒：用于权限配置。

4）操作日志📝：用于查看操作日志。

5）工作表🗒：用于设计工作表。

6）在线编辑☑：用于配置扩展项目。

7）授权信息🗐：用于授权管理。

8）系统操作🔃：用于重新加载驱动。

9）报警处理🚨：用于报警管理。

10）画面管理🖥：用于画面管理。

11）事件管理📑：用于事件管理。

12）地理信息🗺：用于地理信息配置。

13）数据分析📊：用于数据分析。

14）功图数据📈：用于显示功图数据。

15）其他主菜单⋯：该菜单与页面高度有关，包含了其他未被列出的主菜单。

16）用户管理👤：用于个人设置、修改密码和退出系统。

17）系统设置⚙：用于系统设置。

1.1.5 AIRIOT 的授权

AIRIOT 部署完成后需首先查看授权，具体步骤如下。

（1）查看授权信息

单击主菜单"授权信息"🗐图标，打开系统授权信息页面，如图 1-12 所示。授权信息包括"我的授权""升级授权"和"我的驱动（网关）"三个部分，其中"我的授权"包含创建时间、有效时间、终端数、用户数量和模型节点数，图中有效时间为"36406/36500"，表示总有效时间 36500 天，剩余有效时间 36406 天。

图 1-12　系统授权信息页面

（2）升级授权

"升级授权"包含我的机器码、联系我们和上传文件。剩余有效时间为负值时，表示授权过期，需升级授权，可将机器码复制，发送至销售人员获取授权文件，并将授权文件拖至指定位置。

1.2　系统设置

单击后台页面主菜单"系统设置" 图标，打开"系统设置"页面，如图 1-13 所示。"系统设置"页面为左右结构，左侧为系统设置子菜单，右侧为相应子菜单内容，打开后自动选中第一个子菜单（基本信息），系统设置包括基本信息、资产配置、前台系统菜单、前台母版、邮箱服务器、微信公众号、报警配置、画面组件权限和地图配置。

图 1-13　"系统设置"页面

1.2.1　基本信息

单击子菜单"基本信息"，打开"基本信息"页面，可设置系统基本信息，包括系统名称、系统版权信息、系统图片、系统背景、系统布局、系统主题和浏览器标题，设置完成后单击"保存"按钮保存设置。

1.2.2　资产配置

资产配置用于设置资产类型，可根据实际情况添加资产类型，如电机、轴承、联轴器等。单击子菜单"资产配置"，切换到"资产配置"页面，如图 1-14 所示，单击"添加资产类型"按钮，弹出"种类信息"对话框，根据实际情况填入种类信息（如"电机"），单击"确定"按钮，返回资产配置页面，页面显示刚添加的资产类型，可继续添加资产类型，添加完成后，单击"保存"按钮，完成资产配置。

1.2.3　前台系统菜单

前台系统菜单用于设置前台主菜单及相应子菜单，系统安装后前台默认包括资产管理、在线状态、报表查看和数据分析 4 个主菜单（见图 1-11），其中资产管理有子菜单（地理信息），单击主菜单可下拉显示子菜单。

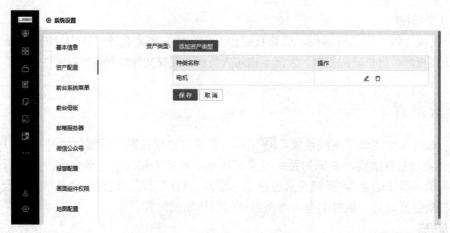

图 1-14 "资产配置"页面

单击子菜单"前台系统菜单"切换到"前台系统菜单"页面，单击"菜单管理"右侧"添加菜单" 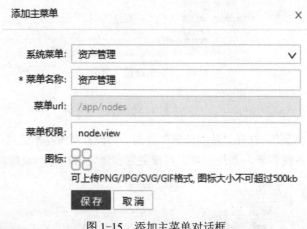 图标打开添加主菜单对话框，如图 1-15 所示。其中带"*"的为必填项，"系统菜单"项为下拉列表，包含了允许前台查看和操作的所有菜单，可作为主菜单或子菜单。以资产管理为例，系统菜单选择"资产管理"后，菜单名称为系统自动设置（可修改），其余保持默认，单击"保存"按钮，对话框关闭，页面弹出"系统设置保存成功"提示。添加系统设置主菜单后前台页面如图 1-16 所示，此时前台页面只有"资产管理"主菜单，可根据需要继续添加主菜单。

图 1-15 添加主菜单对话框

图 1-16 添加系统设置主菜单后的前台页面

单击菜单管理下的"资产管理" 🗋 资产管理 图标，选中资产管理菜单，如图 1-17 所示，可对资产管理菜单进行修改，单击"添加子菜单"按钮可添加子菜单，添加子菜单方式与主菜单类似，单击"删除"按钮可删除该菜单。

图 1-17　"资产管理"菜单配置页面

1.2.4　前台母版

前台母版即前台页面的模板，设置前台母版可以使系统前台页面具有统一的的风格和布局，提高工作效率，降低开发和维护难度，如所有页面具有相同的 Logo（标志）、系统名称、菜单栏、版权信息等。AIRIOT 提供了默认的前台母版，即登录之后显示的页面，如图 1-18 所示。此时网址为"IP 地址:端口号/app/dashboard"。单击主菜单可以进入相应页面，页面具体内容不同，但平台 Logo（标志）、名称、菜单栏和版权信息是相同的，即不同页面使用统一的模板。

图 1-18　AIRIOT 默认前台母版

AIRIOT 前台母版可以自定义设置，单击"前台母版"子菜单，切换至"前台母版"设置页面，如图 1-19 所示，单击"选择画面"按钮，弹出画面列表，由于没有提前设计画面，画面列表中没有画面。用户可根据需求设计母版画面，母版画面中必须添加菜单组件并且配置相应菜单目录。画面列表中存在母版画面后，即可选择画面，单击"保存"按钮，前台母版应用生效。母版画面设计用到 AIRIOT 的组态功能，将在第 8 章详细介绍。

图 1-19　"前台母版"设置页面

1.2.5 邮箱服务器

当采用发送邮件方式进行通知时需要设置邮箱服务器。单击"邮箱服务器"子菜单，切换至邮箱服务器配置页面，如图 1-20 所示。邮箱服务器配置包括主机、端口、邮箱和密码，正确填写信息后，单击"保存"按钮，完成邮箱服务器配置。

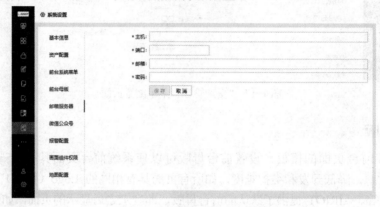

图 1-20 "邮箱服务器"配置界面

1.2.6 微信公众号

当采用微信公众号进行通知时需要配置微信公众号。单击"微信公众号"子菜单，切换至微信公众号配置页面，如图 1-21 所示。微信公众号配置包括公众号 ID 和密钥，正确填写信息后，单击"保存"按钮，完成微信公众号配置。

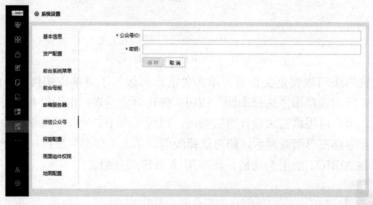

图 1-21 "微信公众号"配置界面

1.2.7 报警配置

报警配置用于设置报警声音、报警种类及是否显示所有报警页。单击"报警配置"子菜单，切换到"报警配置"页面，如图 1-22 所示。

1）报警声音地址：用于设置发生报警时的声音，应输入报警声音文件的路径。

2）显示所有报警页：勾选后显示所有报警页。

3）报警种类：报警种类以列表形式显示已有报警种类，单击"添加报警种类"按钮，弹出"种类信息"对话框，如图 1-23 所示，填写信息后，单击"确定"按钮，页面返回至"报警配置"页面，列表显示刚添加的报警种类，完成报警种类添加。用户可根据实际情况添加报警种类，如电机故障、轴承故障、联轴器故障等。

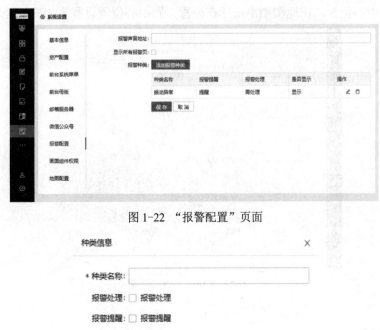

图 1-22 "报警配置"页面

图 1-23 种类信息对话框

1.2.8 画面组件权限

画面组件权限用于设置画面组件的使用权限，单击"画面组件权限"子菜单，切换到"画面组件权限"配置页面，如图 1-24 所示，画面组件权限包括数据修改器、过滤器、表按钮、分页器、动作按钮组、表格、批量执行指令按钮，勾选后，画面具有相应权限。

图 1-24 "画面组件权限"配置页面

1.2.9 地图配置

地图配置用于设置地图，单击"地图配置"子菜单，切换到"地图配置"页面，如图 1-25 所示。滚动鼠标滑轮可缩放地图，"图层项"为下拉列表，可选择地图或卫星图，"中心位置"用于设置系统所在中心位置，在地图中单击所在位置，则中心位置设置为相应的经度和纬度。

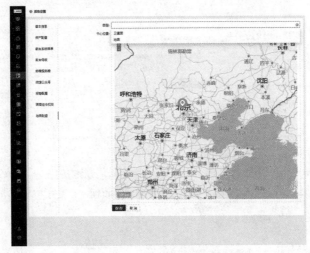

图 1-25 "地图配置"页面

1.3 权限管理

权限管理包括部门管理、用户管理和角色管理三部分，其中部门管理可以配置用户列表、资产管理等信息，用户管理可以配置用户角色、用户所属部门等信息，角色管理可以配置用户列表、角色权限等信息。

1.3.1 部门管理

1. 添加部门

依次单击"权限管理 🔒"→"部门管理 ⬡ 部门管理"打开"部门"页面，单击"添加部门"按钮，打开"添加部门"页面，如图 1-26 所示，其中带"*"的为必填项，信息填写完成后单击"保存"按钮，页面返回至"部门管理"页面，此时部门列表中显示刚添加的部门，可按上述步骤继续添加部门。

图 1-26 "添加部门"页面

2. 修改部门

已经添加的部门以列表形式显示在"部门"页面，如图 1-27 所示，这里只添加了一个部门，单击要修改部门右侧的"修改"✐图标，切换至"修改部门"页面，如图 1-28 所示。修改完信息后，单击"保存"按钮，返回"部门"页面，完成该部门信息修改。

图 1-27　"部门"页面

图 1-28　"修改部门"页面

1.3.2　用户管理

1. 添加用户

依次单击"权限管理🔒"→"用户管理👤 用户管理"打开"用户"页面，页面以表格形式显示已有用户，单击"添加用户"按钮，切换至"添加用户"页面，如图 1-29 所示，其中带"*"的为必填项，信息填写完成后单击"保存"按钮，页面返回至"用户"页面，此时用户列表中显示刚添加的用户。用户添加完成后即可使用该用户名和密码登录系统。

2. 修改用户

已经添加的用户以列表形式显示在"用户"页面，如图 1-30 所示，这里有两个用户，单击要修改用户右侧的"修改"✐图标，切换至"修改用户"页面，如图 1-31 所示，可修改基本信息、前台系统菜单和首页画面设置。

图 1-29 "添加用户"页面

图 1-30 "用户"页面

图 1-31 "修改用户"页面

1）基本信息：可修改用户的用户名、Email、密码等信息。

2）前台系统菜单：可以设置前台系统菜单，设置方法见 1.2.3 节。

3）首页画面设置：可根据现场实际需要设置平台首页，需进行画面设置，个性化首页示例如图 1-32 所示。

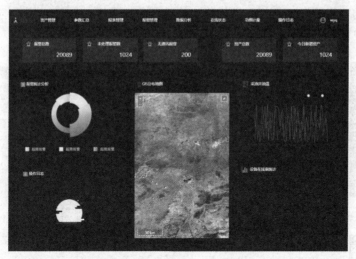

图 1-32 个性化首页示例

修改完成后，单击"保存"按钮，返回"用户"页面，完成该用户信息修改。

1.3.3 角色管理

1. 添加角色

依次单击"权限管理🔒"→"角色管理 👥 角色管理"打开"角色"页面，页面以表格形式显示已有角色，单击"添加角色"按钮，切换至"添加角色"页面，如图 1-33 所示，其中带"*"的为必填项，"用户列表"项为下拉列表，可选择已有用户，"角色权限"项根据功能分类，勾选权限后该角色及已选用户即具有相应操作权限，信息设置完成后单击"保存"按钮，页面返回至"角色"页面，此时角色列表中显示刚添加的角色。用户可根据实际需要设置多个角色，并可为不同角色分配不同权限和用户。

图 1-33 "添加角色"页面

2. 修改角色

已经添加的角色以列表形式显示在"角色"页面，如图 1-34 所示，这里有一个角色，单击要修改角色右侧的"修改"🖉图标，切换至"修改角色"页面，如图 1-35 所示，可修改基本信息、前台系统菜单和首页画面设置。

图 1-34 "角色"页面

图 1-35 "修改角色"页面

1.4 实践作业

1. 安装部署 AIRIOT，并进行授权。

2. 在已安装平台上进行系统菜单设置，添加并修改部门、用户及角色，并对不同用户设置不同的权限。

第2章 模型与资产

AIRIOT 创新性地将资产模型化引入物联网领域。通过模型管理实现了同类设备属性的统一配置，通过资产管理实现同一模型下资产属性的特殊配置，增强了管理的统一性、便捷性和高效性。

2.1 模型与资产的概念及关系

现场中存在大量的相同或同类设备，模型是相同或同类设备集合的一种抽象描述，为这些设备提供统一的配置，如基本信息、设备配置、报警信息、计算节点、画面配置、地理信息、事件管理等，只需要在模型中配置一次即可实现所有相同和同类设备的配置。

现场中相同或同类设备在实际运行环境、数据采集、控制对象等方面存在差异，资产是模型中一个具体的设备，可通过资产配置对该具体设备属性进行定制，以满足模型中某个具体设备的特殊配置。

模型与资产存在隶属关系，即某一资产隶属于某一模型。模型与资产的隶属关系如图 2-1 所示。模型是资产的抽象，资产为具体设备，AIRIOT 可以添加多个模型，每个模型可以有多个资产。

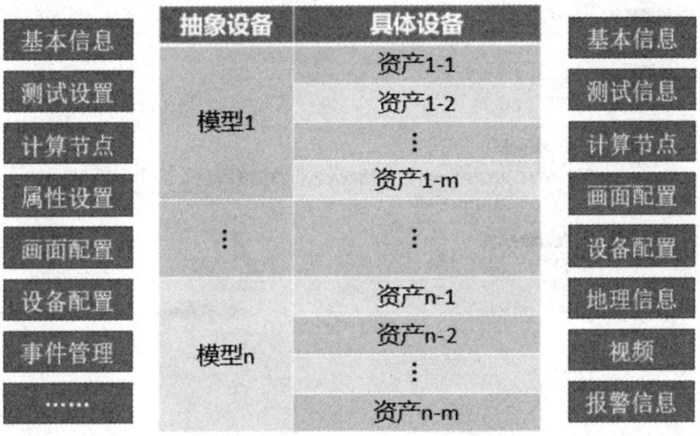

图 2-1　模型与资产的隶属关系

以某油田大型场景为例，该油田有 10000 个一样的数据采集设备，则可添加一个模型，命名为"数据采集设备模型 1"，这 10000 个数据采集设备均属于"采集设备模型 1"的资产，即"采集设备模型 1"有 10000 个资产，可对资产进行编号，如 DA00001～DA10000。"采集设备模型 1"配置完成后，则这 10000 个数据采集设备具有相同的配置，对个别数据采集设备（如 DA08888）进行资产配置，可以实现该设备的特殊配置。

2.2 模型

2.2.1 模型添加、修改与删除

1. 添加模型

单击主菜单"模型管理"，打开"系统模型管理"页面，如图 2-2 所示。如果系统已经存在

模型，则在左侧"模型列表"栏显示所有模型，并自动选中列表中第一个模型；如果系统之前不存在模型，则左侧"模型列表"栏为空。单击"添加模型" ＋添加模型 按钮，弹出模型"基本属性"对话框，如图 2-3 所示，其中带"*"的为必填项，模型名称可根据实际情况命名。信息填完后单击"保存"按钮，对话框自动消失，弹出"添加模型成功" ◎ 添加模型成功 提示语，新添加模型出现在模型列表中。

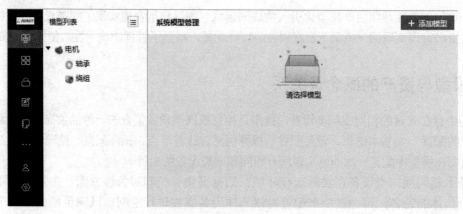

图 2-2 "系统模型管理"页面

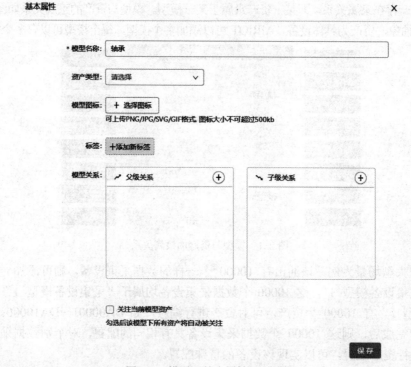

图 2-3 模型"基本属性"对话框

2. 修改模型

在"系统模型管理"页面，单击左侧"模型列表"中要修改的模型，则"系统模型管理"页面右侧切换为该模型信息，可对模型配置进行编辑修改，包括基本信息、设置配置、计算节点、参数列表、报警设置、画面设置、属性设置和地理信息。

3．删除模型

在修改模型模式下选择"基本信息"，单击"删除"按钮，弹出删除模型对话框，如图 2-4 所示。单击"确定"按钮，对话框自动消失，弹出"删除模型成功" 提示，同时"模型列表"栏中不再显示该模型。模型删除后该模型下的资产会被一起删除，父级模型删除后，子级模型变为一级模型。

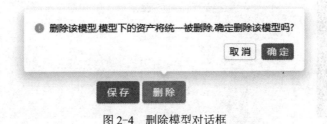

图 2-4　删除模型对话框

2.2.2　基本信息

AIRIOT 模型的基本信息包括模型名称、资产类型、模型图标、标签和模型关系。

1．模型名称

模型名称是模型必填项，一般根据设备名、工段等命名。

2．资产类型

资产类型是指该模型下资产的类别，该选项为下拉菜单，资产类型需根据设备类型提前添加，添加方式详见 1.2.2 节，设置该项有利于资产管理。

3．模型图标

模型图标可提高系统的美观性，可根据实际需要上传图片，可用图片格式包括 PNG、JPG、SVG 和 GIF，图片大小不超过 500KB。

4．标签

标签对模型具有描述、提示作用，可根据实际需要添加标签。

5．模型关系

模型关系包括父级关系和子级关系，模型关系有利于模型数据点和参数继承。一个系统中可能存在大量模型，有些模型之间存在细微差别，可通过设置模型关系降低工作量。AIRIOT 模型继承关系为父模型继承子模型，如模型 B 的父级关系为模型 A，子级关系为模型 C，模型 ABC 关系如图 2-5 所示，则模型 A 为模型 B 的父模型，模型 B 为模型 C 的父模型，通过配置数据继承，模型 B 继承模型 C 的参数和数据点，模型 A 继承模型 B 和模型 C 的参数和数据点。

图 2-5　模型 ABC 的关系

2.2.3　设备配置

"设备配置"选项用于设置设备驱动、驱动配置、数据点和指令。单击"设备配置"标签，切换到"设备配置"页面，如图 2-6 所示。

1．设备驱动

AIRIOT 对驱动进行了分类管理，包括通用驱动、无线驱动、行业驱动和厂商驱动，AIRIOT 支持的驱动见表 2-1。

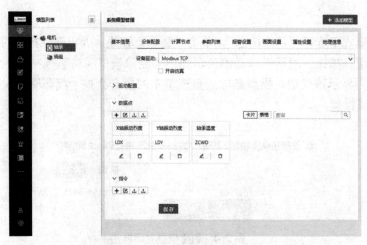

图 2-6 "设备配置"页面

表 2-1 AIRIOT 支持的驱动

驱 动 类 别	包 含 驱 动
通用驱动	Modbus/TCP Modbus_A11 Modbus/RTU OPC-DA 2.0 Client OPC-UA Client MQTT Client SCADA 仿真驱动 数据库（DB） LwM2M …
无线驱动	Lora Lora+GPS Lora+Modbus Onenet …
行业驱动	CAE 廊体测温 Bacnet/IP 廊体监测 消防 GT/T 26875.3 DNP3 协议 交通部 JT-808 …
厂商驱动	AB PLC 倍福 PLC 西门子 200/200smart、300/400/1200/1500 AB(Rockwell) 1769、1756 GE PAC3i Schneider Quantum、Premium、M580、M380、M218、M238 ABB AC500 和利时 LE、LE 扩展以太网模块、LK 中控 G3 系统、G5 系统 台达 DVP-SE、DVP-EC3、DVP-ES2/EX2/ES2-C、DVP-EX2、DVP-ES2-C 南大傲拓 NA200H、NA300、NA400、NA2000、NA200、NA200 扩展以太网模块 海为 PLC A 系列、H 系列、T 系列、C 系列及其他 网关-迅饶 …

2. 驱动配置

驱动配置用以设置驱动信息和通信监控参数。

不同的驱动其配置信息不同,如测试驱动只需设置采样周期,而 Modbus TCP 需设置设备 IP、端口、站号和采集周期。

通信监控参数用于设置通信超时时间,即经过多长时间仪表还未上传任何数据则认定为通信故障,默认为采集周期的 3 倍,通信周期单位为 s,默认为 5s。

3. 数据点

数据点即该模型下拥有的数据,单击数据点下 ⊞ 图标,弹出"数据点"对话框,如图 2-7 所示,可设置基本属性、数值转换、报警规则和数值仿真。

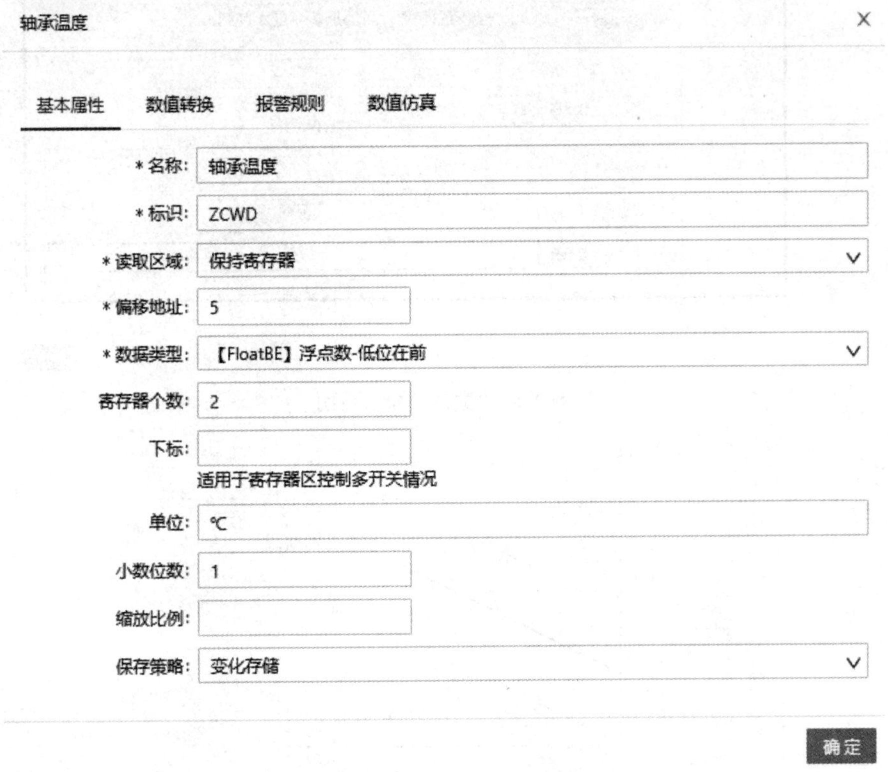

图 2-7　数据点对话框

(1)基本属性

基本属性包括名称、标识、单位、小数位数、缩放比例和保存策略等,其中带"*"的为必填项。注意,不同驱动下基本属性不同。

(2)数值转换

单击"数值转换"标签,切换到"数值转换"界面,如图 2-8 所示。数值转换支持线性映射和数据点映射,最大值、最小值、原始最大值和原始最小值用于设置线性映射。"显示映射"可添加多个数据点映射,通过设置值与显示值实现数据点的映射。使用数值转换时应注意以下几点。

1)线性映射规则:线性映射能够实现曲线的上下平移,有效的映射是"最小值"大于"原始最小值"且"最大值"大于"原始最大值",或"最小值"小于"原始最小值"且"最大值"小于"原始最大值",可以实现线性映射,否则为无效映射规则,不能实现线性映射。线性映射规则示例如图 2-9 所示，图中"原始曲线"可以映射为"曲线 1"或"曲线 2"，不可映射为"曲线 3"。

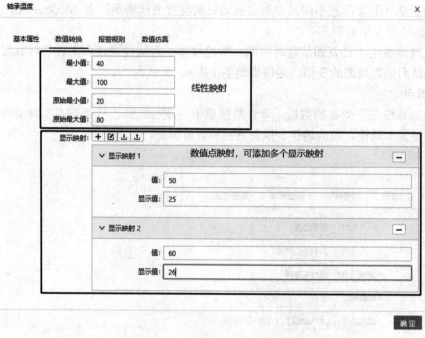

图 2-8 "数值转换"界面

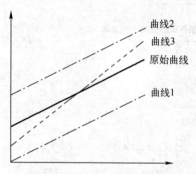

图 2-9 线性映射规则示例

2）数据点映射规则：数据点映射可添加多个显示映射，如值为 50，显示值为 25，则实际值为 50 时，显示值为 25；值为 60，显示值为 26，则实际值为 60 时，显示值为 26。

3）优先级：线性映射优先级高于数据点映射，如果同时配置线性映射和数据点映射，则线性映射有效时，执行线性映射，线性映射无效时执行数据点映射。如图 2-8 中线性映射为有效映射，则执行线性映射，忽略数值点映射，此时如果实际值为 50，则显示值为 70，而不是 25。

（3）报警规则

单击"报警规则"标签，切换到"报警规则"页面，如图 2-10 所示。此处的报警规则用于设置简单的数值报警，包括低（低于该值产生中级报警）、低低（低于该值产生高级报警）、高（高于该值产生中级报警）和高高（高于该值产生高级报警）。更多详细的报警规则将在第 6 章介绍。

图 2-10　"报警规则"页面

（4）数值仿真

数值仿真用于设置仿真数据的最小值、最大值、步进（线性变化每次递增值）和仿真方式（可选线性和随机）。

设置完成后单击"确定"按钮，"数据点"对话框自动关闭，弹出"保存模型成功" ⊘ 保存模型成功 提示信息，此时，在"数据点"栏目下出现添加的数据点，表示已完成该数据点的添加，添加数据点后的"设备配置"页面如图 2-11 所示。

图 2-11　添加数据点后的"设备配置"页面

数据点还支持复制、上传、下载等批量修改操作，单击数据点下 ☑ 图标，所有数据点显示为 json 格式，可修改其内容或复制、粘贴实现批量添加；单击数据点下 ⬇ 图标可下载数据点，格式为 xlsx，下载完成后可通过 Excel 等工具进行批量编辑；单击数据点下 ⬆ 图标可上传数据点，上传文件格式与下载的数据点格式相同。

4. 指令

指令用于设备远程控制。单击指令下 ＋ 图标，弹出"指令 1"对话框，如图 2-12 所示，"名称"一般设置为指令所完成的功能，如起动、停止等。指令用于设置执行的动作，如写寄存器、写线圈等。"表单项"用于配合指令执行负载动作，当指令执行单一的简单动作时，如起动，不需要绑定表单项；当指令执行复杂动作时，如起停、写任意值至线圈等，需要绑定表单项。指令的具体操作将在第 3 章详细介绍。

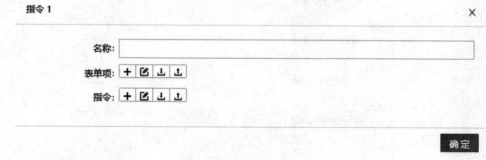

图 2-12 "指令 1"对话框

2.2.4　计算节点

计算节点具有自动继承子模型数据、节点计算和额外保存资产属性 3 个功能，其中节点计算主要实现：①数据点的映射，可以将其他资产数据点映射到本资产/模型；②实时流计算（支持简单的计算公式）和实时统计（支持常见的统计方法），通过各种数值计算、逻辑计算、统计方法等计算出的数据点或映射其他模型的数据点；③数据点的外部输入。

2.2.5　参数列表

1. 设置参数列表

参数列表用于设置要显示的参数，配置好的参数以列表形式显示。单击"参数列表"标签切换到"参数列表"页面，如图 2-13 所示。

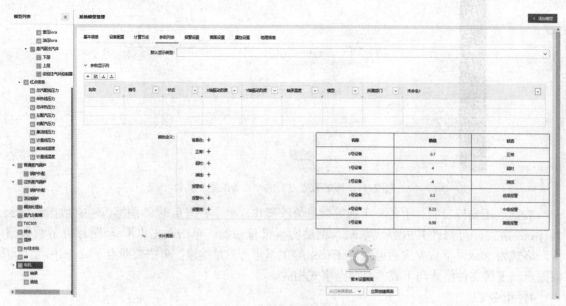

图 2-13 "参数列表"页面

单击"参数显示列"下的 **+** 图标，可增加一列参数（未命名），单击该列参数右侧下拉选项，选择"修改属性"，弹出该数据列属性窗口，可对该参数进行设置，设置完成后单击"确定"按钮。"参数显示列"设置方法如图 2-14 所示。参数列表设置后可在前台展示参数汇总信息，具体可通过前台菜单管理中添加参数汇总菜单及相关参数子菜单查看。"参数汇总"设置方法如图 2-15 所示，具体操作为选择"系统设置"→"前台系统菜单"→"参数汇总"→"添加子菜单"，然后在"参数汇总"下选择要汇总的参数。

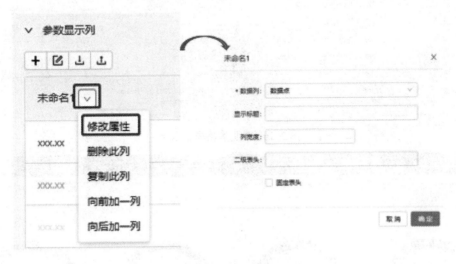

图 2-14　"参数显示列"设置方法

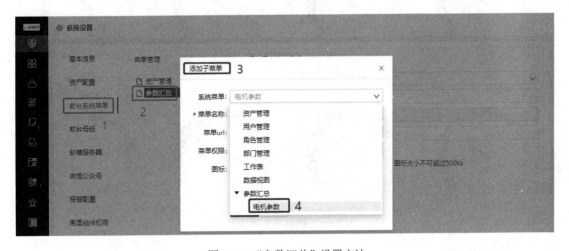

图 2-15　"参数汇总"设置方法

2．前台查看参数汇总

打开前台页面，依次单击"参数汇总"→"电机参数"可查看电机参数，显示方式包括数据表格和数据卡片两种方式。系统默认的显示方式为数据表格，数据表格显示示例如图 2-16 所示，表中有 8 个电机资产，由于采用统一模型，没有对资产单独设置，各数据点数据是相同的。数据卡片显示需在模型中先设计卡片画面，数据卡片显示示例如图 2-17 所示，这里模型卡片只设计了轴承温度。

名称 ▲	编号	启停 1	转速 rpm	轴承							绕组		
				X轴振动烈度 mm/s	Y轴振动烈度 mm/s	轴承温度 ℃	A相电压 V	B相电压 V	C相电压 V	A相电流 A	B相电流 A	C相电流 A	
电机1	DJ01	1	1600	3.2114	3.3506	70	379.4	378.1	379.5	5.01	4.95	5.01	子资产
电机2	DJ02	1	1600	3.2114	3.3506	70	379.4	378.1	379.5	5.01	4.95	5.01	子资产
电机3	DJ03	1	1600	3.2114	3.3506	70	379.4	378.1	379.5	5.01	4.95	5.01	子资产
电机4	DJ04	1	1600	3.2114	3.3506	70	379.4	378.1	379.5	5.01	4.95	5.01	子资产
电机5	DJ05	1	1600	3.2114	3.3506	70	379.4	378.1	379.5	5.01	4.95	5.01	子资产
电机6	DJ06	1	1600	3.2114	3.3506	70	378.1	378.1	379.5	5.1	4.95	5.01	子资产
电机7	DJ07	1	1600	3.2114	3.3506	70	378.1	378.1	379.5	5.1	4.95	5.01	子资产
电机8	DJ08	1	1600	3.2114	3.3506	70	378.1	378.1	379.5	5.1	4.95	5.01	子资产

图 2-16　数据表格显示示例

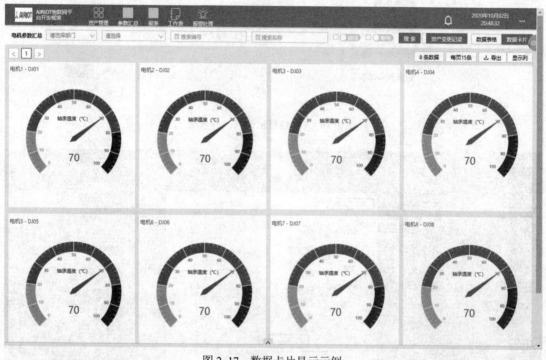

图 2-17　数据卡片显示示例

2.2.6　报警设置

报警设置用于设置模型的复杂报警规则。单击"报警规则"标签切换到"报警规则"页面,如图 2-18 所示,页面以卡片形式列出已有规则。单击"报警规则"下的 ✚ 图标,弹出报警规则设置窗口,如图 2-19 所示,其中带"＊"的为必填项。填写完信息后,单击"保存"按钮,窗口自动消失,弹出"保存模型成功"提示,页面列出新添加的报警规则。单击"报警规则"下的"修改" ✐ 图标或"删除" 🗑 图标,可修改或删除该条规则。模型可添加多条报警规则,添加完成后需单击页面底端"保存"按钮保存。报警规则具体设置方法将在第 6 章详述。

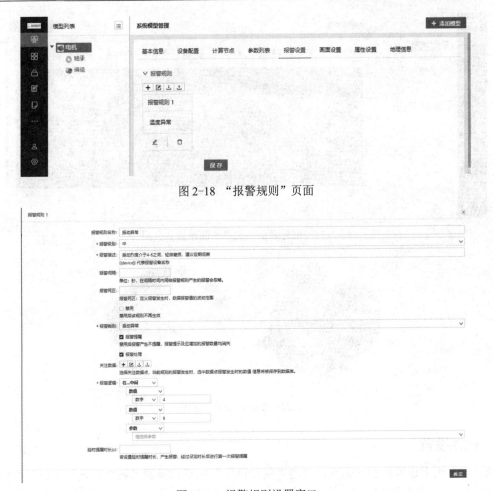

图 2-18　"报警规则"页面

图 2-19　报警规则设置窗口

2.2.7　画面设置

画面设置用于设置模型的画面。单击"画面设置"标签切换到"画面设置"页面,如图 2-20 所示,页面显示"暂未设置画面",若系统中已存在画面则可从已有画面复制,单击"立即创建画面",页面出现画面,创建画面后的"画面配置"页面如图 2-21 所示。单击"查看画面" ⁜ 图标可查看画面,单击"编辑" ✎ 图标,切换到画面管理页面,可编辑画面,单击"删除" ⯐ 图标可删除该画面。画面设置完成后,模型下的资产将继承该画面,电机模型画面示例如图 2-22 所示。

图 2-20　"画面设置"页面

图 2-21 创建画面后的"画面设置"页面

图 2-22 电机模型画面示例

2.2.8 属性设置

属性设置用于设置模型的属性，单击"属性设置"标签切换到"属性设置"页面，如图 2-23 所示，页面为左中右结构，左侧为控件库，包括单行文本、数字、选择器等控件，中间为控件放置区，通过拖动可将控件放至控件放置区，右侧显示控件属性。设置完控件后，模型下的资产查看页面将显示该属性。模型属性设置示例如图 2-24 所示，在模型中添加了一个文本控件，名称为"保质期"，则该模型下的资产查看页面可显示该控件，编辑资产，可编辑该控件内容。

图 2-23 "属性设置"页面

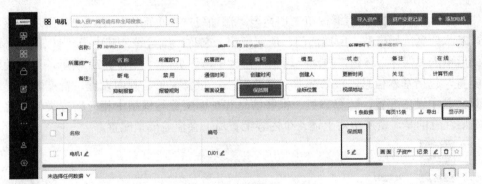

图 2-24　模型属性设置示例

2.2.9　地理信息

地理信息用于设置模型的地理位置的数据点。单击"地理信息"标签切换到"地理信息"页面，如图 2-25 所示。经度数据点和纬度数据点均为下拉列表，可选择模型已存在的相应的经度和纬度数据点，该数据点是从设备获取的，经系统转换为地理位置。

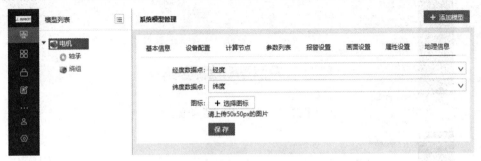

图 2-25　地理信息页面

2.3　资产

2.3.1　添加资产

单击主菜单"资产管理"⊞图标，打开"资产管理"页面，在"全部资产"栏目下方显示模型名称、资产数量及在线率，"资产管理"页面如图 2-26 所示。

图 2-26　"资产管理"页面

单击"添加资产" ＋添加资产 按钮，切换至"添加资产"页面，如图 2-27 所示。该页面仅包含资产基本信息，如模型、所属部门、所属资产、名称、编号等，其中带"＊"的为必填项。填写完成后单击"保存"按钮，自动跳转到"修改资产"页面，如图 2-28 所示，可继续对该资产进行配置，包括基本信息、设备配置、计算节点、报警信息、画面设置、资产配置、地理信息和视频，其中设备配置、计算节点、报警信息和画面配置与模型中相应配置类似，此处不再赘述。需要注意的是，资产中对上述 4 个内容配置后，会覆盖模型配置。

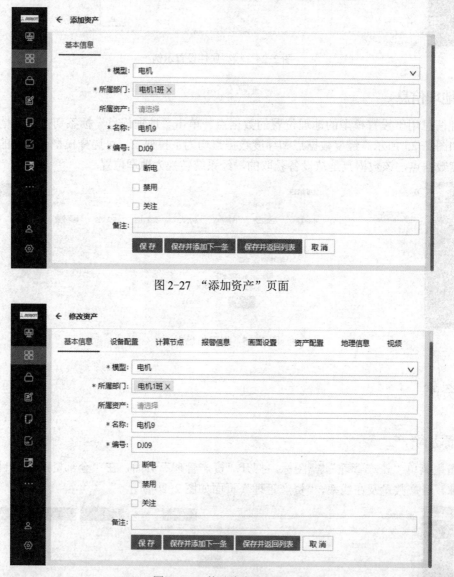

图 2-27 "添加资产"页面

图 2-28 "修改资产"页面

1. 资产配置

资产配置对应模型中的属性配置，仅当模型配置了属性时，资产配置才有对应的可配置选项。单击"资产配置"标签切换到"资产配置"页面，如图 2-29 所示，该页面中测试模型属性配置为模型中属性设置添加的控件，此时可输入相应内容。若模型中属性设置中没有添加任何控件，则资产配置为空，即无可配置项目。

图 2-29 "资产配置"页面

2. 地理信息

地理信息用于设置资产所在位置。单击"地理信息"标签切换到"地理信息"页面，如图 2-30 所示。滚动鼠标滑轮可缩放地图，长按鼠标左键可拖动地图，单击地图上某点，可自动填入经度和纬度信息。设置完成后，单击"保存"按钮保存。单击"地理信息"主菜单，可查看资产所在位置，地理信息示例如图 2-31 所示，显示了 9 个资产所在位置，单击相应资产可查看资产名称、编号及画面。

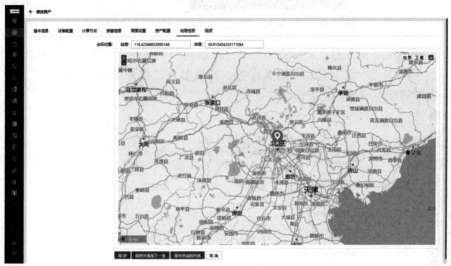

图 2-30 "地理信息"页面

图 2-31 地理信息示例

3. 视频

视频用于设置资产视频信息。单击"视频"标签切换至视频配置页面，单击"添加" ＋ 图标可添加视频信息，包括视频 id 和视频地址，如图 2-32 所示。

图 2-32　视频配置页面

此外，可通过模型下方的"查看资产"→"添加资产"打开"添加资产"页面，如图 2-33 所示。该页面包含了资产基本信息、设备配置、计算节点、报警信息、画面设置、资产配置、地理信息和视频等配置选项，配置方法与"修改资产"一致。

图 2-33　"添加资产"页面

2.3.2　资产批量操作

AIRIOT 支持资产批量导入。需先下载资产批量导入模板，资产批量导入模板下载方法如图 2-34 所示，具体操作为选择"资产管理"→"导入资产"，选择模型后单击"下载模板"按钮，再选择保存目录，然后单击"下载"按钮。

资产批量导入模板下载完成后，用 Excel 等工具编辑资产信息，如图 2-35 所示。"资产名称"和"资产编号"为必填项。资产批量导入模板编辑完成后，单击图 2-34 中导入资产弹窗中

"上传" ⊥上传 图标，选择编辑好的资产批量导入模板，单击"确定"按钮，返回资产管理页面，此时刷新页面，可以看到该模型下的资产数量已增加，表明完成了资产批量导入。成功导入资产后的"资产管理"页面如图 2-36 所示，该例中测试模型原有 1 个电机资产，通过批量导入又添加了 7 个电机资产（电机 2～电机 8）。图 2-36 中显示测试模型下有 8 个资产，在线 1 个，在线率 13%，表明新添加的 7 个资产尚未在线，此时需重新加载驱动。单击主菜单"系统操作" 🔡 图标，打开"系统操作"页面，如图 2-37 所示，单击相应驱动，重新加载驱动后返回"资产管理"页面并刷新页面，如果此时设备已在线，则可看到所有资产在线。

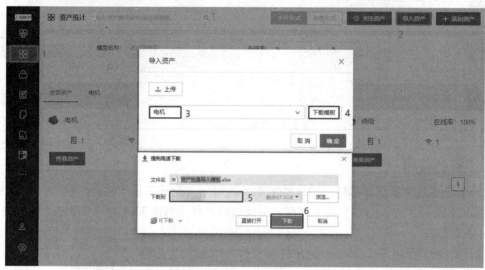

图 2-34　资产批量导入模板下载方法

	A	B	C	D	E	F	G	H	I
1	保证导入的数据文字和系统中是一致的，如部门编号，带"*"的字段为必填项，请填写完整再上传，否则上传失败								
2	*资产名称	*资产编号	所属部门编号	父级资产编号	是否关注				
3	电机2	DJ02	所属部门编号	父级资产编号	否				
4	电机3	DJ03	所属部门编号	父级资产编号	是				
5	电机4	DJ04	所属部门编号	父级资产编号	否				
6	电机5	DJ05							
7	电机6	DJ06							
8	电机7	DJ07							
9	电机8	DJ08							
10									

图 2-35　编辑资产信息示例

图 2-36　成功导入资产后的"资产管理"页面

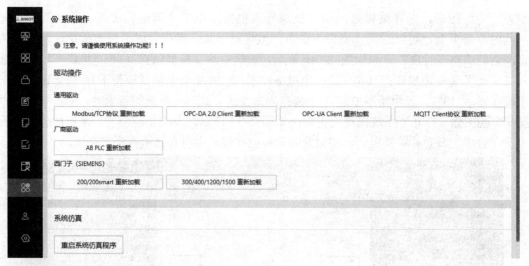

图 2-37 "系统操作"页面

2.3.3 子资产管理

若一个设备包含多个零部件，则这些零部件均可定义为设备的子资产，值得注意的是这些零部件的模型必须为该设备模型的子模型。下面以电机状态监测为例说明子资产管理方法。

1. 添加模型

电机包含绕组、定子、转子、轴承等零部件，电机状态监测通常包括绕组三相电压、三相电流、轴承振动、轴承温度等，显然绕组和轴承不属于同类模型，因此设置电机为父模型，轴承和绕组均为电机的子模型，电机模型及其子模型如图 2-38 所示。配置绕组模型和轴承模型的参数和数据点，则电机模型继承绕组模型和轴承模型的参数和数据点。

图 2-38 电机模型及其子模型

2. 添加电机资产

这里已经添加了 8 个电机资产，"资产管理"页面如图 2-39 所示。

图 2-39 "资产管理"页面

3. 添加轴承资产并设置为电机子资产

在"资产管理"页面单击"添加资产" 按钮，打开"添加资产"页面，添加轴承资产并设置为电机子资产，基本信息填写示例如图 2-40 所示，模型选择"轴承"，名称为"轴承2"，编号为"ZC02"，由于轴承模型为电机模型的子资产，电机模型中已存在 8 个电机资产，与之对应这里可选择电机 2 资产作为所属资产，即轴承 2 是电机 2 的子资产。基本信息填写完成后单击"保存"按钮，跳转到"修改资产"页面，可根据需要对资产进行修改。单击"资产管理"主菜单返回"资产管理"页面，可以看到轴承模型下已有两个资产，查看该资产信息可以看到该资产所属资产为电机。

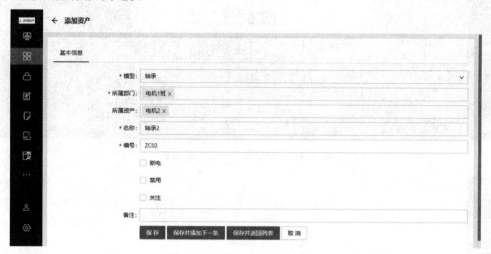

图 2-40　基本信息填写示例

2.3.4　资产操作记录

对资产进行变更后要添加资产操作记录以备案。如电机 1 轴承出现故障，则可添加故障记录。首先，单击"资产管理"页面轴承模型下的"查看资产"按钮，打开轴承资产页面，如图 2-41 所示。单击"轴承 1"后面的"记录" 记录 图标，打开"资产变更记录"页面，单击"添加资产记录"按钮，弹出"添加资产记录"对话框，如图 2-42 所示，根据实际情况填写操作内容，选择类型，单击"保存"按钮后自动跳转到"资产变更记录"页面，如图 2-43 所示，可以看到所添加的资产变更记录。

图 2-41　轴承资产页面

图 2-42 "添加资产记录"对话框

图 2-43 "资产变更记录"页面

2.4 实践作业

1. 添加电机模型及其子模型，并设置参数及数据点，采用仿真驱动，数据点包括绕组三相电压和三相电流、轴承 X 轴振动。

2. 设置参数显示列，并在参数汇总下显示电机模型的参数，包括名称、所属资产、编号、数据点等。

第3章　数据采集与控制

数据采集与控制是物联网的核心能力之一，AIRIOT 提供了丰富的驱动，兼容了市面上95%以上常见的传感器、控制器及数据采集设备等，并且在持续增加中，能够快速、便捷地实现数据采集与控制。

3.1　AIRIOT 数据采集与控制概述

数据采集（Data Acquisition，DAQ）是指从传感器和其他待测设备等模拟和数字被测单元中自动采集非电量或者电量信号，再送到上位机中进行分析与处理。在实际应用环境中，为了监控设备实时运行状态，通常利用各类传感器等将设备运行的重点参数采集并上传到监控管理平台，通过对这些数据进行分析，以此判断当前运行设备的状况，进而采取相应措施。

AIRIOT 兼容了市场上大量数据采集系统，能够快捷地实现数据采集与控制。AIRIOT 数据采集与控制框架如图 3-1 所示，被测量信号被采集后通过 MQTT 发送至相关数据库、各类相关服务等，用于各类分析、统计及状态报警预警提醒等。此外，AIRIOT 可以通过发送指令的形式进行数据采集，控制装置起动、停止等。

3.2　支持的协议种类

目前，AIRIOT 支持多种常见的通信协议，包括通用协议、无线协议、厂商协议和行业驱动，可实现对不同协议的设备数据自由采集，随着应用领域的不断拓展，AIRIOT 支持的协议将持续增加。

3.2.1　通用协议

AIRIOT 支持的通用协议包括 Modbus/TCP、Modbus/RTU、Modbus_A11、OPC-DA、OPC-UA、MQTT、SCADA，以及常见数据库协议和交通部 JT-808 协议等。

3.2.2　无线协议

物联网应用中的无线技术有多种，可组成局域网或广域网。组成局域网的无线技术主要有2.4GHz 的 WiFi、蓝牙、Zigbee 等，组成广域网的无线技术主要有 2G/3G/4G/5G 等，除此之外，AIRIOT 还支持中国移动 Onenet、网关-物通博联、网关-迅饶、WIPA、NB-IoT 以及适用于长距通信的 Lora 等。

3.2.3　厂商协议

AIRIOT 支持的厂商协议包括倍福 PLC，西门子 200/200smart、300/400/1200/1500，

AB(Rockwell) 1769、1756，GE PAC3i，Schneider Quantum、Premium、M580、M380、M218、M238，ABB AC500，和利时-LE、LE 扩展以太网模块、LK，中控 G3 系统、G5 系统，台达 DVP-SE、DVP-EC3、DVP-ES2/EX2/ES2-C、DVP-EX2、DVP-ES2-C，南大傲拓 NA200H、NA300、NA400、NA2000、NA200、NA200 扩展以太网模块，海为 PLC A 系列、H 系列、T 系列、C 系列等。

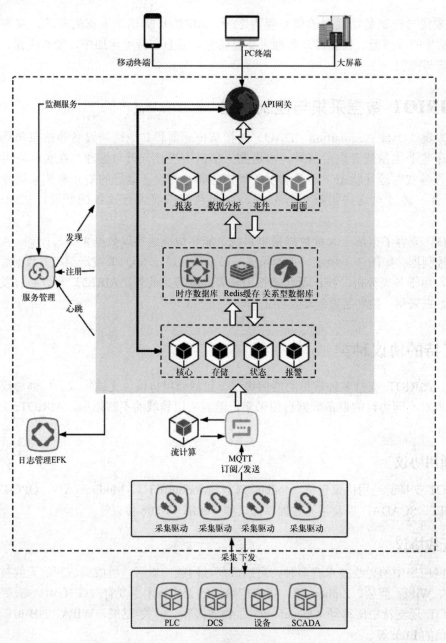

图 3-1　AIRIOT 数据采集与控制框架

3.2.4　行业驱动

AIRIOT 支持的行业驱动包括 CAE 廊体测温、Bacnet/IP、消防 GT/T 26875.3、DNP3 协议等。

3.3　数据采集的主要来源

数据采集的主要来源包括传感器设备数据、PLC/DCS 数据和第三方系统数据。

3.3.1　传感器设备数据

传感器是一种能感受到被测量的信息，并能将感受到的信息按一定规律变换成电信号或其他所需形式的信息输出，以满足信息的传输、处理、存储、显示、记录和控制等要求的检测装置。传感器具有微型化、数字化、智能化、多功能化、系统化、网络化等特点，传感器的存在和发展，让物体有了触觉、味觉和嗅觉等感官，是实现自动检测和自动控制的首要环节，是物联网底层物理基础。

3.3.2　PLC/DCS 数据

在应用现场存在大量的 PLC 及 DCS，这些系统已经完成部分设备数据采集，并可对现场设备进行简单的控制，AIRIOT 可通过特定的协议与这些系统进行通信，并实现对接入这些系统的设备进行远程控制，如 AIRIOT 通过 OPC 协议实现对中控 DCS 采集的数据进行收集并实现对设备的远程控制。

3.3.3　第三方系统数据

在实际应用中存在大量第三方系统，AIRIOT 可实现与第三方系统的无缝对接，如常见组态系统、视频安防系统、地理位置系统以及用户现有信息系统等。

3.4　基于 Modbus TCP 的远程数据采集及控制

本节基于 Modbus TCP 及 ModSim32 模拟软件介绍数据采集与控制功能，并实现电机状态监控仿真。

3.4.1　远程数据采集

1. 模型添加及配置

（1）模型添加及基本信息设置

添加"电机""轴承""绕组"三个模型，并设置"轴承"和"绕组"为电机的子模型。"电机""轴承""绕组"的基本信息设置分别如图 3-2、图 3-3 和图 3-4 所示。

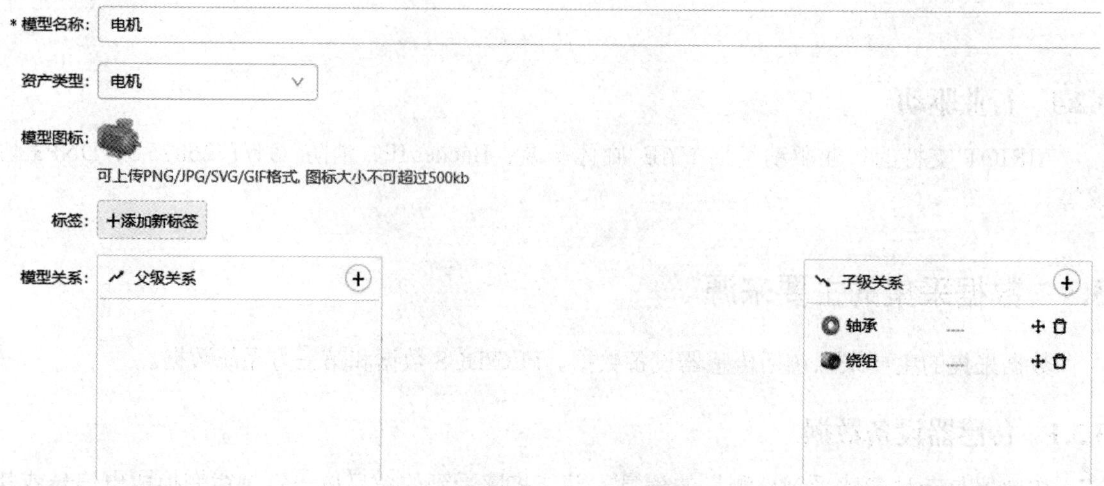

| * 模型名称: | 电机 |

| 资产类型: | 电机 ∨ |

| 模型图标: | |

可上传PNG/JPG/SVG/GIF格式，图标大小不可超过500kb

| 标签: | ＋添加新标签 |

模型关系:	↗ 父级关系 ⊕	↘ 子级关系 ⊕
		○ 轴承 ----- ✛ 🗑
		🌀 绕组 ----- ✛ 🗑

图 3-2 "电机"基本信息设置

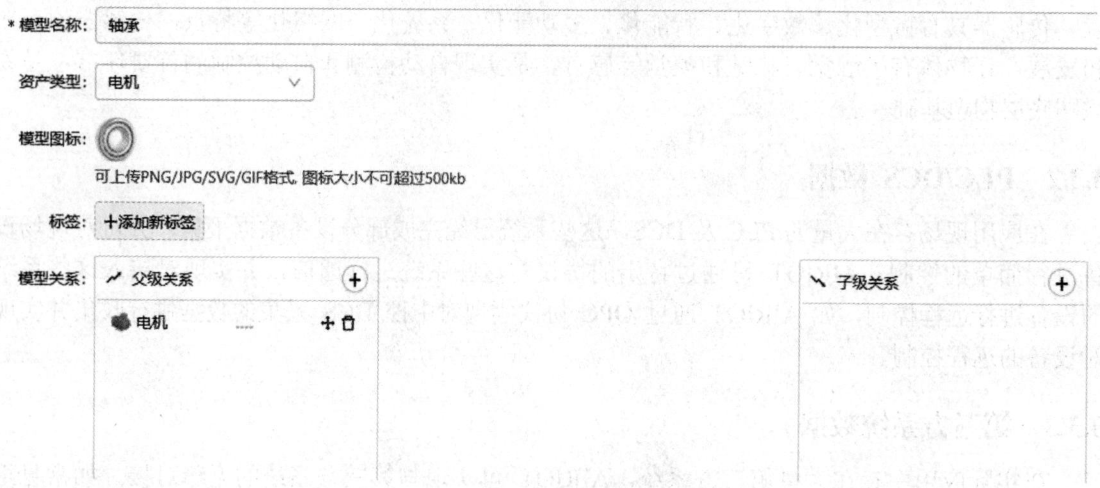

| * 模型名称: | 轴承 |

| 资产类型: | 电机 ∨ |

| 模型图标: | ◎ |

可上传PNG/JPG/SVG/GIF格式，图标大小不可超过500kb

| 标签: | ＋添加新标签 |

| 模型关系: | ↗ 父级关系 ⊕ | ↘ 子级关系 ⊕ |
| | 🔲 电机 ----- ✛ 🗑 | |

图 3-3 "轴承"基本信息设置

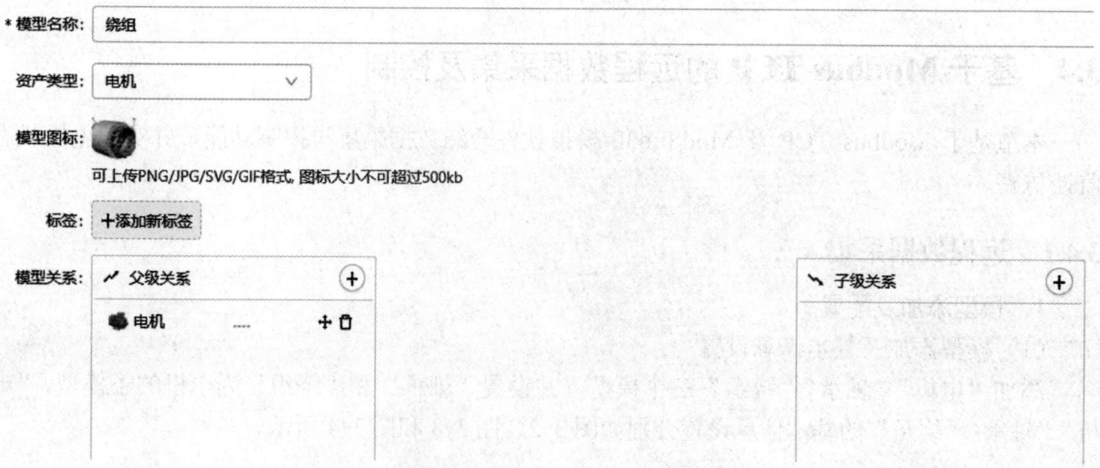

| * 模型名称: | 绕组 |

| 资产类型: | 电机 ∨ |

| 模型图标: | |

可上传PNG/JPG/SVG/GIF格式，图标大小不可超过500kb

| 标签: | ＋添加新标签 |

| 模型关系: | ↗ 父级关系 ⊕ | ↘ 子级关系 ⊕ |
| | 🔲 电机 ----- ✛ 🗑 | |

图 3-4 "绕组"基本信息设置

模型基本信息设置完成后的模型列表如图 3-5
所示。

（2）模型设备配置

由于"电机"为"轴承"和"绕组"的父模型，
因此，先分别进行"轴承"和"绕组"设备配置，最
后进行"电机"设备配置。

1）"轴承"模型设备配置。"轴承"模型设备配置中

图 3-5　模型基本信息设置完成后的模型列表

驱动配置如图 3-6 所示，设备驱动选择 Modbus/TCP，
驱动配置下设备 IP 为服务器物理 IP，端口为 502，站号为 2，由于有些设备点表比设备实际
地址小 1，勾选"自动化地址"后会自动减 1，实现设备点表和设备地址一致。

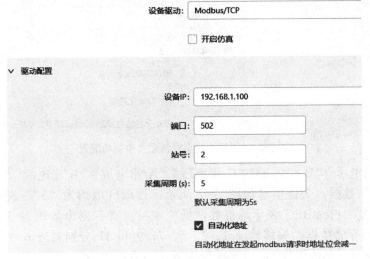

图 3-6　"轴承"模型设备配置中驱动配置

添加"X 轴振动烈度""Y 轴振动烈度""轴承温度"3 个数据点，"轴承"数据点关键信
息如图 3-7 所示，读取区域均为"3"，表示读取"保持寄存器"；数据类型"FloatBE"表示浮
点数，低位在前；寄存器个数均为 2，表示每个数据点需 2 个寄存器存储数据；偏移地址分别
为 1、3 和 5 分别对应 3 个数据点的起始地址；烈度单位为 mm/s，小数位数 2，温度单位为
℃，小数位数 1。

▽ 数据点

| + | ☑ | ⬆ | ⬆ |

名称	标识	读取区域	偏移地址	数据类型	寄存器个数	单位	小数位数
X轴振动烈度	LDX	3	1	FloatBE	2	mm/s	2
Y轴振动烈度	LDY	3	3	FloatBE	2	mm/s	2
轴承温度	ZCWD	3	5	FloatBE	2	℃	1

图 3-7　"轴承"数据点关键信息

45

2）"绕组"模型设备配置。"绕组"模型设备配置中驱动配置如图 3-8 所示，不同模型对应不同资产，因此站号不同，"绕组"模型站号为 3，其余配置同"轴承"模型。

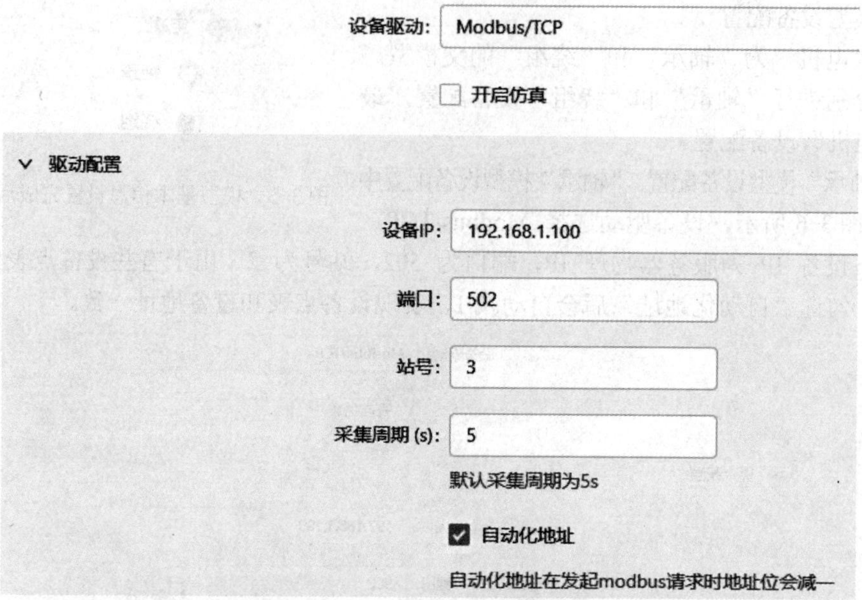

设备驱动： Modbus/TCP

☐ 开启仿真

∨ 驱动配置

设备IP： 192.168.1.100

端口： 502

站号： 3

采集周期 (s)： 5

默认采集周期为5s

☑ 自动化地址

自动化地址在发起modbus请求时地址位会减一

图 3-8 "绕组"模型设备配置中驱动配置

添加"A 相电压""B 相电压""C 相电压""A 相电流""B 相电流""C 相电流" 6 个数据点，"绕组"数据点关键信息如图 3-9 所示，读取区域均为"3"，表示读取"保持寄存器"；数据类型"FloatBE"表示浮点数，低位在前；寄存器个数均为 2，表示每个数据点需 2 个寄存器存储数据；偏移地址 1、3、5、7、9 和 11 分别对应 6 个数据点的起始地址；电压单位为 V，小数位数 1，电流单位为 A，小数位数 2。

∨ 数据点

名称	标识	读取区域	偏移地址	数据类型	寄存器个数	单位	小数位数
A相电压	VA	3	1	FloatBE	2	V	1
B相电压	VB	3	3	FloatBE	2	V	1
C相电压	VC	3	5	FloatBE	2	V	1
A相电流	IA	3	7	FloatBE	2	A	2
B相电流	IB	3	9	FloatBE	2	A	2
C相电流	IC	3	11	FloatBE	2	A	2

图 3-9 "绕组"数据点关键信息

3）"电机"模型设备配置。"电机"模型设备配置中驱动配置如图 3-10 所示，站号设置为 1，其余配置同"轴承"模型。

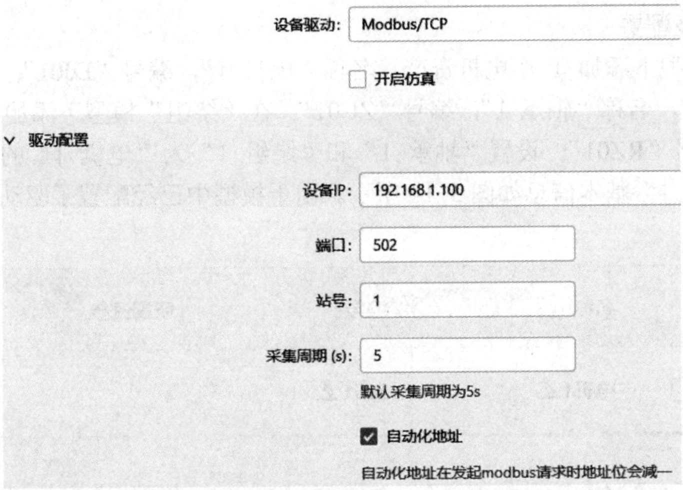

设备驱动: Modbus/TCP

☐ 开启仿真

∨ 驱动配置

设备IP: 192.168.1.100

端口: 502

站号: 1

采集周期 (s): 5

默认采集周期为5s

☑ 自动化地址

自动化地址在发起modbus请求时地址位会减一

图 3-10　"电机"模型设备配置中驱动配置

添加 1 个"起停"数据点，表示电机起停状态，"电机"数据点关键信息如图 3-11 所示，读取区域为"1"，表示读取"线圈状态"；数据类型"UInt8"表示无符号整型；寄存器个数为 1，表示该数据点需 1 个寄存器存储数据；偏移地址"1"对应该数据点的地址；没有单位和小数点。

∨ 数据点

名称	标识	读取区域	偏移地址	数据类型	寄存器个数	单位	小数位数
起停	QT	1	1	UInt8	1		0

图 3-11　"电机"数据点关键信息

在"计算节点"菜单下勾选"自动继承子模型数据"，以继承"轴承"模型和"绕组"模型的数据点，"电机"计算节点配置如图 3-12 所示。

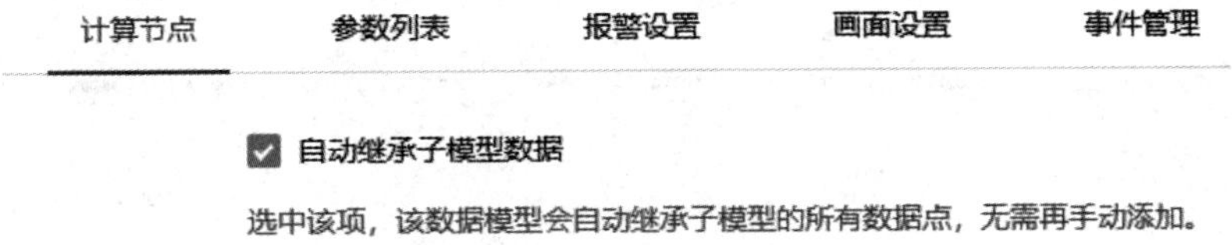

计算节点	参数列表	报警设置	画面设置	事件管理

☑ 自动继承子模型数据

选中该项，该数据模型会自动继承子模型的所有数据点，无需再手动添加。

图 3-12　"电机"计算节点配置

在"参数列表"下添加"参数显示列"，包括名称、编号及所有参数，添加完后的参数列表如图 3-13 所示。

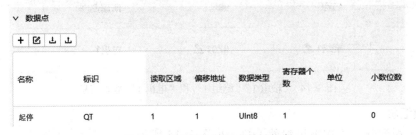

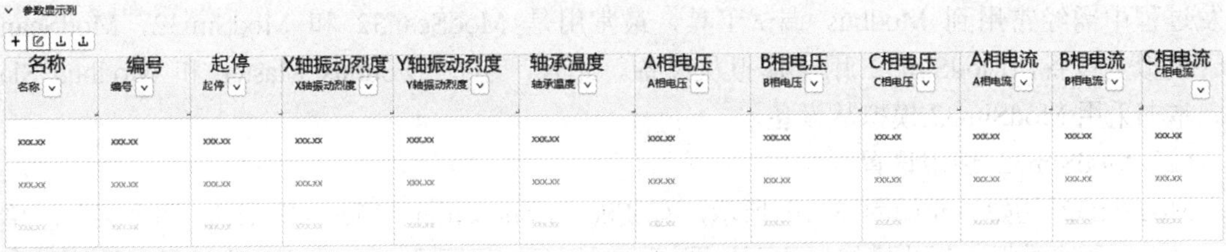

图 3-13　添加完后的参数列表

2．资产添加及配置

在"电机"模型下添加 1 个电机资产，名称"电机 1"，编号"DJ01"；在"轴承"模型下添加 1 个轴承资产，名称"轴承 1"，编号"ZC01"；在"绕组"模型下添加 1 个绕组资产，名称"绕组 1"，编号"RZ01"。设置"轴承 1"和"绕组 1"为"电机 1"的子资产，"轴承 1""绕组 1"和"电机 1"基本信息如图 3-14 所示。由于模型中已经配置了驱动及数据点，资产无须再配置。

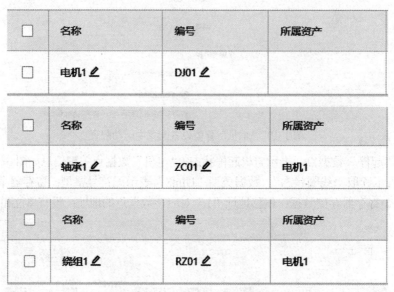

图 3-14 "轴承 1""绕组 1"和"电机 1"基本信息

3．参数汇总

为了便于观察数，添加电机参数汇总，如图 3-15 所示。

图 3-15 电机参数汇总

4．ModSim32 模拟仿真

（1）ModSim32 简介

Modbus 采用主从式通信，日常应用较多的是 Modbus RTU 和 Modbus TCP 两种协议，在开发过程中需经常用到 Modbus 调试工具，最常用是 ModScan32 和 ModSim32，ModScan32 用于模拟主设备，ModSim32 用于模拟从设备。此外，还有 Modbus Master 和 Modbus Slave 等。本书采用 ModSim32 模拟从设备。

（2）ModSim32 通用设置

ModSim32 初始界面如图 3-16 所示，有 File、Connection、View 和 Help 四个菜单。单击 File→New 新建模拟，新建模拟后界面如图 3-17 所示，界面中 Device Id 为站号，默认值 1，

MODBUS Point Type 为数据点类型，默认为 03 即保持寄存器，Address 为数据点地址，默认值 0100，Length 为数据长度，默认值 100。用户可根据实际应用修改上述参数。此外，菜单栏增加 Display 选项，用于设置显示数据（Show Data）或数据流（Show Traffic）以及数据格式，数据格式包括二进制（Binary）、十进制（Decimal）、十六进制（HEX）、长整型（Long Integer）等，ModSim32 将以设定的数据格式进行发送和接收。

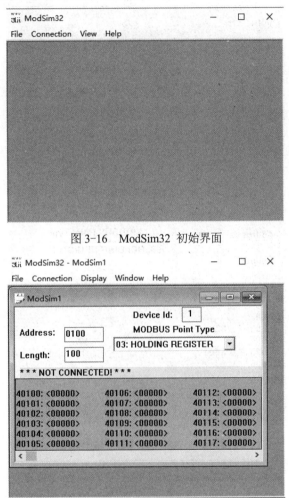

图 3-16　ModSim32 初始界面

图 3-17　新建模拟后界面

（3）电机状态监控中 ModSim32 的设置

根据上述设置，电机状态监测中共有三个从站，"电机 1"站号为 1，有一个无符号整形数据点"起停"；"轴承 1"站号为 2，有"X 轴振动烈度""Y 轴振动烈度""轴承温度" 3 个数据点，数据类型均为浮点数，低位在前；"绕组 1"站号为 3，有三相电压和三相电流共 6 个数据点，数据类型均为浮点数，低位在前。因此需创建 3 个模拟对应不同的从站，分别如图 3-18、图 3-19 和图 3-20 所示。双击相应数据点可设置数据值，"绕组 1"资产从站模拟中 40001 数据设置示例如图 3-21 所示，Value 为设定值，填入设定值后单击"Update"按钮即可更新数据。数据支持自动模拟，单击"Auto Simulation"按钮弹出自动模拟设置窗口，勾选"Enable"，填写完相应信息后，单击"OK"按钮即可完成自动模拟设置。本例中除了"起停"，均采用自动模拟。

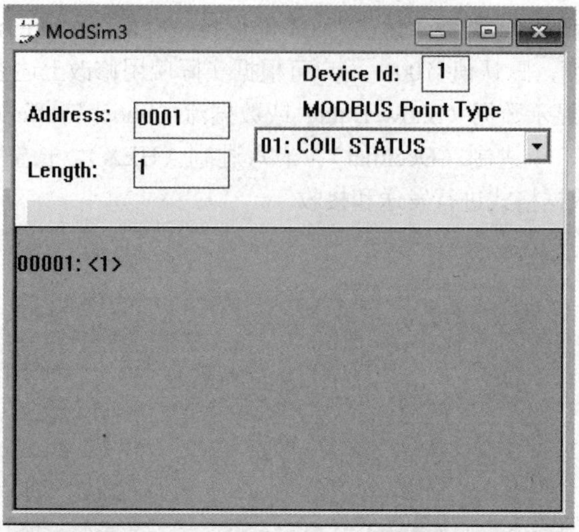

图 3-18 “电机 1”资产从站模拟

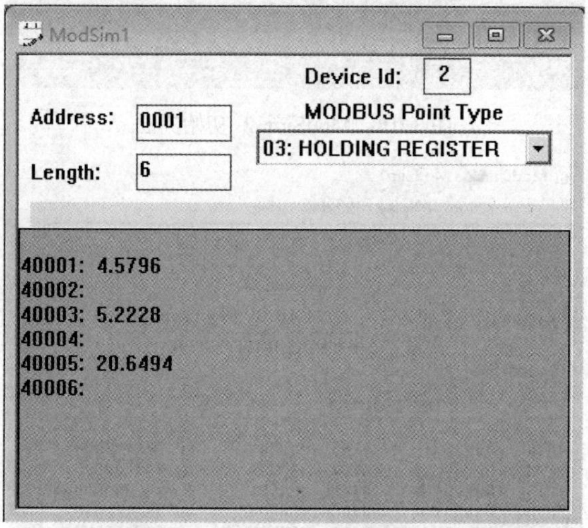

图 3-19 “轴承 1”资产从站模拟

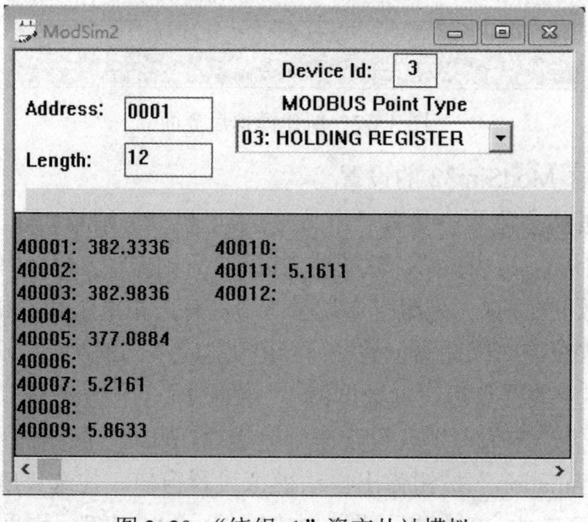

图 3-20 “绕组 1”资产从站模拟

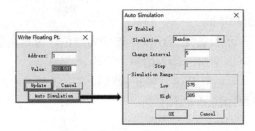

图 3-21　"绕组 1"资产从站模拟中 40001 数据设置示例

（4）电机参数汇总

ModSim32 设置完成后，打开 AIRIOT 系统，在系统操作中重新加载 Modbus TCP。然后打开前台"电机参数汇总"页面，即可实时查看电机数据点，电机参数汇总数据点实时显示如图 3-22 所示。至此，完成一台电机状态监控仿真。

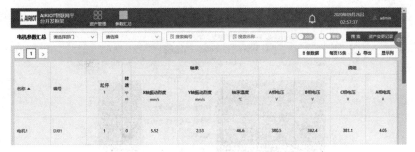

图 3-22　电机参数汇总数据点实时显示

（5）设备调试

设备调试是 AIRIOT 的重要功能之一，可以实时查看数据收发状态，打开"仪表调试"页面，单击 [+ 调试设备] 图标，勾选要调试的资产，即可显示各资产数据收发情况，"仪表调试"页面如图 3-23 所示。"轴承"调试信息示例如图 3-24 所示，显示了两个采集周期的采集指令及收到的数据和数据解析。

图 3-23　"仪表调试"页面

图 3-24　"轴承"调试信息示例

51

仪表调试右上角图标功能如下。

1）连接状态标识 ⊘：表示设备是否连接，连接为绿色，否则为灰色。

2）查询 Q：单击弹出查询窗口，输入信息可查询。

3）调试的起动和停止 ＞：鼠标悬停，弹出起动和停止状态，单击可切换状态。

4）滚动显示 ⊥：设置自动滚动和不滚动（图标为×），默认为滚动状态，信息自动滚动，单击可切换。

5）清除日志 ⊘：单击可清除调试窗口内的日志信息。

6）删除调试设备 ⬚：单击可删除当前调试设备，若要查看，需再次添加。

除上述功能外，仪表调试还支持数据转换和数据解析，选中要转换或解析的数据，弹出"进制转换"和"数值解析"对话框，单击"进制转换"，可进行十进制、二进制和十六进制之间的转换，单击"数值解析"弹出解析下拉列表，选择相应项可进行解析，数据解析示例如图 3-25 所示。

图 3-25　数据解析示例

3.4.2　远程控制

1. 远程起停控制

AIRIOT 可直接控制 PLC 地址或根据一定协议发送指令实现设备远程起停控制。下面通过 Modbus TCP 发送指令实现电机起停控制。

（1）添加指令

选中"电机"模型，单击"设备配置"→"指令"下 ⊞ 图标，弹出添加指令窗口，如图 3-26 所示，默认名称为"指令×"，×表示当前指令号，如已添加 4 个指令，则×为 5。

1）名称。一般根据功能自定义，如起动电机、停止电机、起停电机、转速控制等。

2）添加指令。当执行的为固定值 0 和 1 时，直接添加指令即可，单击指令右侧 ⊞ 图标，可添加指令。"起动电机 1"指令示例如图 3-27 所示。

图 3-26　添加指令窗口

图 3-27　"起动电机 1"指令示例

① 名称："起动电机 1"，添加 1 条，即"指令 1"。

② 写入区域：即指令写入区域，包括线圈状态及保存寄存器两种选择，用户根据设备的具体信息进行选择。此处为"线圈状态"，

③ 偏移地址：输入内容为阿拉伯数字，不可以为负数，用户根据设备的具体信息填写，此处为"1"；

注意：写入区域及偏移地址与"电机 1"数据点"起停"的定义一致时，方可控制"电机 1"的起停。

④ 数据类型：指写入指令的数据类型，包括布尔值、数值以及字符串三种，用户根据实际情况进行选择。电机起停只有两种状态，因此数据类型设置为"【Boolean】布尔型"。

⑤ 绑定表单项：若需要绑定表单项，要在当前输入框中输入已经添加完成的表单项的名称，名称必须与参数名保持一致。图 3-27 中不绑定表单项。

⑥ 默认写入值：一般情况先默认写入值不需要进行特殊设定，此处"1"表示默认起动电机。

设置完成后单击右下角"确定"按钮，完成指令"起动电机 1"的添加。同理，可添加指令"停止电机 1"，默认写入值为"0"，表示停止电机。指令配置完成后"指令"栏如图 3-28 所示，在"指令"栏下方出现两条指令，分别为"起动电机 1"和"停止电机 1"，单击下方"保存"按钮，保存配置。

图 3-28 指令配置完成后的"指令"栏

（2）删除指令

单击指令编辑栏右上角 □ 图标，可删除当前指令。

（3）调试演示

配置完成后，首先单击"系统维护"→"系统操作"→"Modbus/TCP 重新加载"，完成协议重新加载。然后单击"系统维护"→"设备调试"，打开设备调试页面并添加调试设备"DJ01"。"DJ01"调试界面如图 3-29 所示，光标置于"发送指令"按钮处，出现"起动电机 1"和"停止电机 1"两个按钮，单击"起动电机 1"按钮，发送起动电机 1 指令，弹出提示"发送命令成功" ⊘ 发送命令成功 ，此时"DJ01"调试界面及 ModSim 相应值均变为 1，表示电机已起动。单击"起动电机 1"按钮后"DJ01"调试界面及 ModSim 相应值如图 3-30 所示。单击"停止电机 1"按钮，可停止电机 1。

图 3-29 "DJ01"调试界面

2. 电机转速控制

AIRIOT 还可直接通过 PLC 地址或根据一定协议发送指令实现设备远程控制。下面通过 Modbus TCP 发送指令实现电机转速控制。

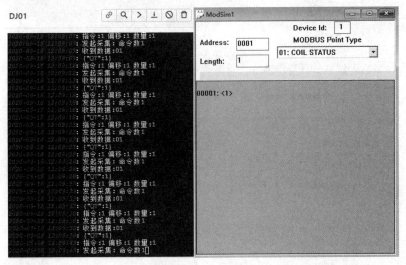

图 3-30 单击"起动电机 1"按钮后"DJ01"调试界面及 ModSim 相应值

（1）添加转速数据点

在"电机 1"模型下添加数据点"转速"，"转速"数据点定义如图 3-31 所示。

图 3-31 "转速"数据点定义

（2）添加指令

打开添加指令窗口，添加"转速控制 1"指令，为了自由设置转速值，需添加表单项，转速控制指令表单项配置如图 3-32 所示。

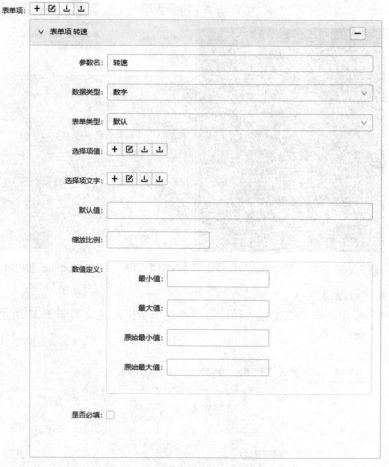

图 3-32 转速控制指令表单项

1）参数名。指令调用时需要的参数名称，命名规则为汉字，参数名为二次确认对话框中显示的名称信息，此处为"转速"。

2）数据类型。指表单项写入设备的数据类型，包括数值、布尔值、字符串。

3）表单类型。表单类型为限定好的选项，包括默认、日期选择器、时间选择器和电子邮件输入框，用户根据自己的需求进行选择即可，此处为"默认"。

4）选择项值。选择项值为阿拉伯数字，用于设定可选的变化值，可根据实际需要确定是否需要选择项。为了实现转速自由控制，此处不设定选择项值。

5）选择项文字。与设定的选择项值的指令中文名称一一对应，当添加多个时，指令对应可以通过下拉列表进行选择。

6）默认值。默认值一般不写或者写 0，为了防止出现事故，默认值一般不写。

7）缩放比例。数值输入及编译后的缩放数值比例。

8）数值定义。与缩放比例配合使用，表示线性放缩的数值范围。

"转速控制 1"配置完成后"指令"栏如图 3-33 所示，在"指令"栏下方出现"转速控制

1"，如图 3-34 所示，单击下方"保存"按钮，保存配置。

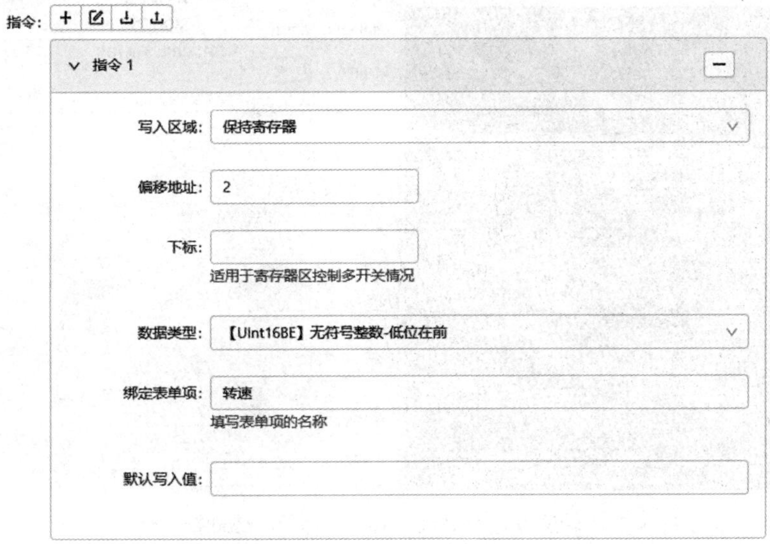

图 3-33　"转速控制 1"配置完成后的"指令"栏

图 3-34　"指令"栏下方出现"转速控制 1"

（3）调试演示

配置完成后，打开"DJ01"调试界面，光标置于"发送指令"按钮处，出现"起动电机 1" "停止电机 1""转速控制 1"三个按钮，单击"转速控制 1"，弹出"命令参数"窗口，如图 3-35 所示，输入转速值，如 1800，单击"执行"按钮，弹出"发送命令成功"提示，此时"DJ01" 调试界面及 ModSim 相应值均变为 1800，表示电机转速为 1800，实际上这里设置的电机转速 为给定值，电机控制系统接收到给定值之后执行相应转速控制动作，使电机转速保持在 1800。 转速设置为 1800 后调试界面及 ModSim 相应值如图 3-36 所示。

命令参数 ✕

* 转速： 1800

关闭　执行

图 3-35　"命令参数"窗口

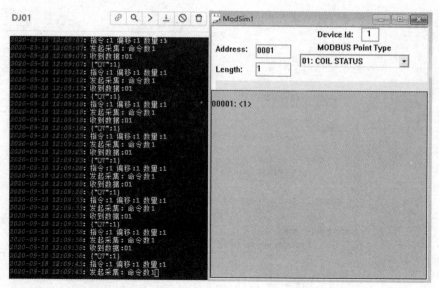

图 3-36　转速设置为 1800 后调试界面及 ModSim 相应值

3.5　实践作业

1.　在 3.4 中"绕组"模型中添加 A 相温度、B 相温度、C 相温度三个数据点，并通过 Modbus/TCP 实现数据采集。

2.　添加资产"电机 2"，并对资产进行配置，实现"电机 1"和"电机 2"的数据采集及远程控制。

第4章 工 作 表

工作表是 AIRIOT 的主要功能之一，主要用来自定义业务表单，实现数据同步及业务联动，可同步本地及网络数据库，实现平台数据及第三方系统数据同步。AIRIOT 工作表管理方便，可根据实际情况自由创建工作表、修改工作表、制作工作表画面、进行数据同步等，工作表的基本功能包括基本信息设置、数据同步、画面设置和表定义。

4.1 工作表管理

4.1.1 添加工作表

单击主菜单"工作表" 图标，打开"工作表"页面，如图 4-1 所示，页面是已添加完成的工作表名称列表，单击相应的工作表，可以查看其定义的内容。单击右上角"+添加工作表"按钮，切换到"添加工作表"页面，如图 4-2 所示，添加工作表只需填写工作表基本信息，包括表名称和表标题，两者均为必填项。

图 4-1 "工作表"页面

图 4-2 "添加工作表"页面

"表名称"指工作表的名称，表名称输入格式可包含汉字、数值、特殊字符、字母。表名称最大长度为 12 个字符，超过 12 个字符后，输入框高亮，对用户进行提示，提示文字"不应多于 12 个字符"，用户删除多出的字符后，高亮及文字提示消失。

"表标题"指查看工作表时显示的标题，表标题输入格式可包含汉字、数值、特殊字符、字母。表标题最大长度为 12 个字符，超过 12 个字符后，输入框高亮，对用户进行提示，提示文字"不应多于 12 个字符"，用户删除多出的字符后，高亮及文字提示消失。

表名称和表标题一般根据业务功能填写，可一致，如"巡更记录表"，记录了巡更信息。表名称和表标题填写完成后，单击下方"保存"按钮，返回工作表页面，完成"巡更记录表"的添加。添加"巡更记录表"后的工作表页面如图 4-3 所示，工作表列表中多出"巡更记录表"。

图 4-3　添加"巡更记录表"后的工作表页面

4.1.2　删除工作表

单击工作表最右侧"删除" 🗑 图标，弹出"确认删除"对话框，如图 4-4 所示，单击"删除"按钮可删除相应的工作表，删除后该表从工作列表中消失。

图 4-4　"确认删除"对话框

4.1.3　修改工作表

单击工作表右侧"修改" ✎ 图标，切换到"修改工作表"页面，如图 4-5 所示，该页面可对工作表所有信息进行设置，包括基本信息、同步数据、画面设置和表定义。单击"基本信息""同步数据""画面设置"或"表定义"可对相应功能进行修改和设置。

图 4-5　"修改工作表"页面

4.1.4　工作表字段定义

字段定义是对工作表中的字段进行编辑，单击"表定义"标签切换至字段定义页面，如图 4-6 所示，字段定义页面为左中右结构，左侧为控件库区域，中间为编辑区域，右侧是控件属性配置区域。通过拖放的形式将控件拖放至编辑区域，同时右侧属性配置区域显示相应控件的属性配置项，单击控件右侧"删除" 🗑 图标可删除该控件。由于不同的控件，其属性配置不同，下面对每个控件的属性配置进行说明。

图 4-6　字段定义页面

1. 单行文本

"单行文本"控件为单行的文本输入框，"单行文本"控件的属性配置如图 4-7 所示，其中带"*"的为必填项。

（1）key

单行文本的关键字，可用于数据库同步。

（2）名称

单行文本名称即文本控件在展示区域内显示的"文本"，输入格式可以是汉字、字母、特殊符号、数值。字段名称最大长度 8 个字符，当文本控件的长度超过 8 个字符时，输入框高亮，对用户进行提示，提示文字"不应多于 8 个字符"，用户删除多出的字符后，高亮及文字提示消失。

（3）是否必填

默认不勾选，用户可根据实际情况勾选。勾选后，在相应工作表中添加记录时，该文本框左侧带"*"，为必填项。

（4）列表中是否显示

默认勾选，用户可根据实际情况取消勾选。取消勾选后，该文本框在列表中默认不显示，如需显示，需再次勾选。

（5）列表中是否可编辑

默认不勾选，用户可根据实际情况勾选。勾选后，可在列表中直接修改该文本框内容。

（6）列表页是否可批量编辑

默认不勾选，用户可根据实际情况勾选。勾选后，可在列表中批量修改选中的记录内容或删除记录。

（7）过滤查询中是否显示

默认不勾选，用户可根据实际情况勾选。勾选后，该项作为过滤选项显示在列表上方。

2. 数字

"数字"控件为数字输入框，"数字"控件的属性配置如图 4-8 所示，其中带"*"的为必填项。各项属性含义与"单行文本"控件对应属性含义相同，这里不再赘述。

图 4-7 "单行文本"控件的属性配置　　　　图 4-8 "数字"控件的属性配置

3. 选择器

"选择器"控件用来自定义预设选项，"选择器"控件的属性配置如图 4-9 所示，其中带"*"的为必填项。除了"多选""平铺"和"选项"三个属性外，其余属性含义均与"单行文本"控件对应属性的含义相同。

（1）多选

为下拉列表，用于设置选项为多选还是单选。

（2）平铺

为下拉列表，用于设置选项为平铺显示，还是下拉显示。

（3）选项

选项用于设置可选项，为必须设置属性。选项添加与删除如图 4-10 所示，单击选项右侧 ➕ 图标可添加选项，选项为两列，第 1 列为值，第二列为名称。单击选项右侧 − 图标，可删除该选项。

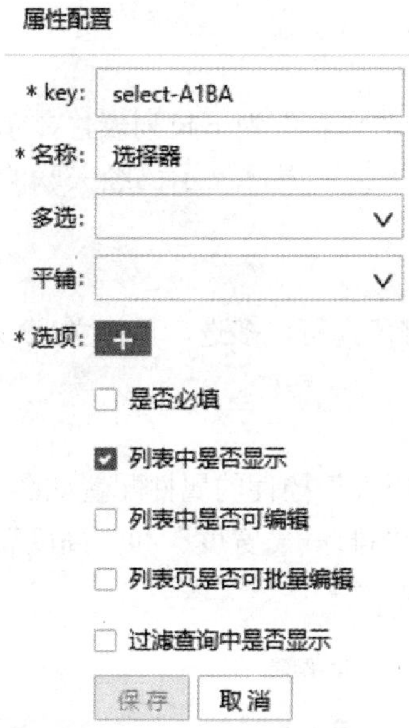

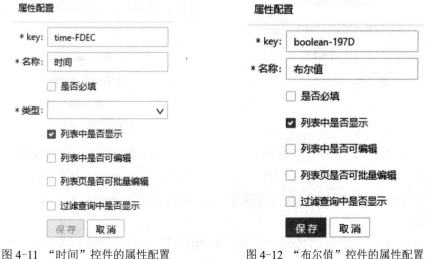

图 4-9　"选择器"控件的属性配置 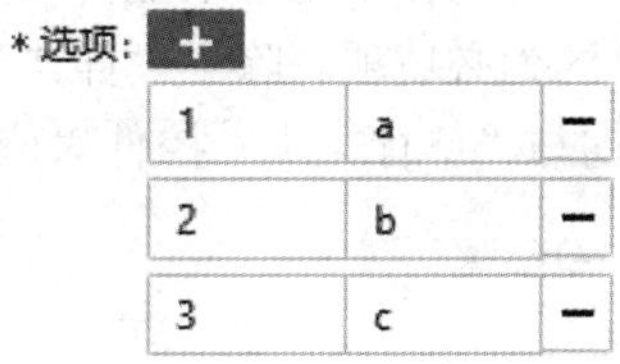　　　　图 4-10　选项添加与删除

4．时间

"时间"控件用来设置时间，"时间"控件的属性配置如图 4-11 所示，其中带"*"的为必填项。除了"类型"属性外，其余属性含义均与"单行文本"控件对应属性的含义相同。"类型"为下拉列表选项，用于设置时间的类型，包括"年月日""年月日-时分秒"和"时分秒"。

5．布尔值

"布尔值"控件用来设置布尔值变量，勾选后为 1，否则为 0，"布尔值"控件的属性配置如图 4-12 所示，其中带"*"的为必填项。属性含义均与"单行文本"控件对应属性的含义相同。

图 4-11　"时间"控件的属性配置　　　　图 4-12　"布尔值"控件的属性配置

6．关联字段

"关联字段"控件的作用是实现工作表之间的互相关联引用显示，关联的是根据关联工作表字段已经创建的记录。"关联字段"控件的属性配置如图 4-13 所示，其中带"*"的为必填项。除了"表名"和"多字段"属性外，其余属性含义均与"单行文本"控件对应属性的含义相同。

（1）表名

"表名"有"选择表"和"关联字段"两个属性，"选择表"为下拉列表，显示已经创建的工作表，只能单选，用于关联某个表。"关联字段"为下拉列表，显示已经关联的工作表的字段，只能单选，用于关联该表中的某个字段。

（2）多字段

"多字段"为下拉列表，显示已经关联的工作表的字段，可以多选，用于关联该表中的多个字段。

7．附件

"附件"控件的作用是用来上传单个图片或文本。"附件"控件的属性配置如图 4-14 所示，其中带"*"的为必填项。除了"样式""类型""大小""排序""宽度"和"高度"属性外，其余属性含义均与"单行文本"控件对应属性的含义相同。

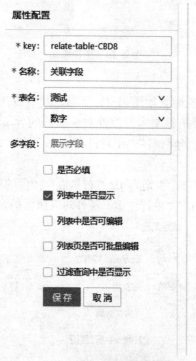

图 4-13 "关联字段"控件的属性配置

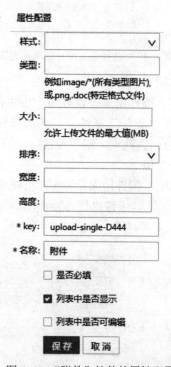

图 4-14 "附件"控件的属性配置

（1）样式

样式为下拉列表，包括文件、图片和图片卡片，用于设置上传图片或文本。

（2）类型

类型用于限定上传附件的格式，例如 image/*(所有类型图片),或.png,.doc(特定格式文件)。

（3）大小

大小用于设置允许上传文件的最大值（单位：MB）。

（4）排序

排序为下拉列表，包括"新的在前"和"旧的在前"，用于设置附件新的在前还是旧的在前。

（5）宽度和高度

宽度和高度用于设置图片的宽和高。

8．附件组

"附件组"控件的作用是用来上传多个图片或文本。"附件组"控件的属性配置与"附件"控件的属性配置完全一样。

4.1.5　工作表查看

在工作表列表中，单击要查看工作表右侧的"查看" 查看 图标，可以查看该工作表，如查看巡更记录表，可单击其右侧"查看" 查看 图标，如图 4-15 所示。单击"查看"图标后页面切换至"巡更记录表"页面，如图 4-16 所示，该页面以列表形式显示了巡更记录表的数据，无数据则显示暂无数据。默认每页显示 15 条数据，单击"每页 15 条" 每页15条 图标可选择和自定义每页显示数据条数。单击"导出" 导出 图标可导出数据，保存格式为".xlsx"。单击"打印" 打印 图标可打印该表。单击"显示列" 显示列 图标可勾选要显示的字段。单击"+添加巡更记录表"按钮，切换至"添加巡更记录表"页面，可添加 1 条数据，"添加巡更记录表"页面如图 4-17 所示，巡更记录表共有 4 个字段，填写完成后单击"保存"按钮，页面返回巡更记录表页面，此时多了 1 条数据。添加 1 条数据至巡更记录表后的巡更记录表页面如图 4-18 所示。

图 4-15　查看巡更记录表的方法

图 4-16　"巡更记录表"页面

图 4-17 "添加巡更记录表"页面

图 4-18 添加 1 条数据至巡更记录表后的巡更记录表页面

4.2 数据同步

AIRIOT 工作表除在平台工作表之间进行字段关联数据同步引用外，还可同步本地及第三方数据库数据，支持常用数据库，包括 MySQL、PostgreSQL、SQLite3、Oracle 和 SQLServer 等。下面以 MySQL 为例介绍工作表数据同步的实现。

4.2.1 MySQL 数据库基础

数据库是按照某种数据结构对数据进行组织、存储和管理的容器。MySQL 是最流行的关系型数据库管理系统之一，通过 MySQL，数据库用户可以轻松地实现数据库容器中各种数据库对象的访问，如增、删、改、查等操作，并可以轻松地完成数据库的维护工作，如备份、恢复、修复等。

下面以 Windows 10 系统的 MySQL 数据库为例介绍数据同步功能。

本书对数据库的安装不再介绍，默认用户已安装完成 MySQL 数据库，创建用户并授权操作如图 4-19 所示，共 4 个步骤。

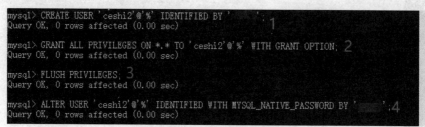

图 4-19 创建用户并授权操作

1）创建用户：命令为"CREATE USER '用户名' @ 'IP' IDENTIFIED BY '密码';"，IP 为%表示允许所有 IP 登录。

2）授权：授予所有权限命令为"GRANT ALL PRIVILEGES ON *.* TO '用户名' @ '%' WITH GRANT OPTION;"。

3）刷新权限：更新权限后需刷新权限，命令为"FLUSH PRIVILEGES;"。

4）更改密码方式：远程登录须更改密码方式，命令为"ALTER USER '用户名' @ '%' IDENTIFIED WITH MYSQL_NATIVE_PASSWORD BY '密码';"。

此时，局域网内任何 IP 均可通过新用户和密码登录数据库，并具有所有操作权限。

Navicat Premium 是一款数据库管理工具，用户可以以单一程式同时连线到 MySQL、SQLite、Oracle、MariaDB、Mssql 及 PostgreSQL 数据库，使得管理不同类型的数据库更加方便。本书利用 Navicat Premium 进行数据库管理。

1）链接数据库。打开 Navicat Premium 软件，单击"文件"→"新建连接"→"MySQL…"弹出"新建连接"界面，如图 4-20 所示。填完信息后单击"测试连接"按钮，弹出"连接成功"提示。单击"连接成功"提示中的"确定"按钮，返回"新建连接"界面，单击界面下方"确定"按钮，退出新建连接界面，此时 Navicat Premium 主界面左侧显示已连接的数据库，表示成功连接数据库。此时尚未打开数据库（图标为灰色），双击已连接的数据库，可打开数据库（图标为绿色）。

图 4-20　新建连接

2）新建数据库。选中打开的数据库，在右键菜单中选择"新建数据库"，打开"新建数据库"界面，如图 4-21 所示，填写完信息后单击"确定"按钮，退出"新建数据库"界面，返回 Navicat Premium 主界面，如图 4-22 所示。在 ceshi2 下多出数据库 ceshi，可对其进行新建表、查询、增、删、查、改等操作，本例中新建了一个表，表名为 user，有 id 和 name 两个字段。

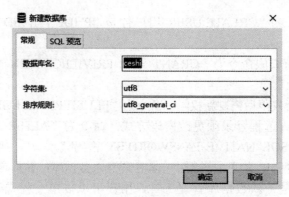

图 4-21　新建数据库

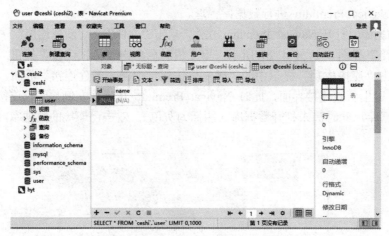

图 4-22　Navicat Premium 主界面

3）插入数据。单击界面左下角 **+** 图标，可插入数据，如图 4-23 所示，各字段信息填完后，单击 **✓** 图标，完成该数据插入。在新建数据库及表时，字符集均为"utf8"，字符规则均为"utf8_general_ci"时，方可输入汉字，否则输入汉字时会报错。

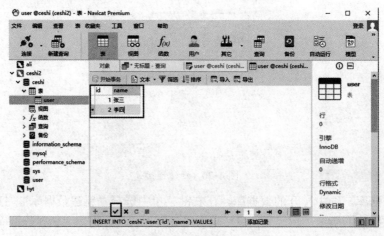

图 4-23　插入数据

4）查询数据。根据步骤单击"查询"→单击"新建查询"→输入"指令"→单击"运行"可查询数据，查询结果显示在界面下方，如图 4-24 所示。

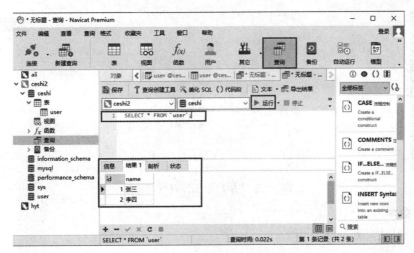

图 4-24　数据查询

4.2.2　数据同步步骤

添加一个新的"用户"工作表，用来同步 MySQL 数据库中的用户信息。

1．基本信息

"用户"工作表的基本信息如图 4-25 所示，"表名称"为"用户"，"表标题"为"用户"。

图 4-25　"用户"工作表的基本信息

2．表定义

"用户"工作表的表定义如图 4-26 所示，包含一个数字控件和一个单行文本控件。数字控件的"key"为"number"，"名称"为"序号"，其余保持默认。单行文本控件的"key"为"name"，"名称"为"姓名"。若表定义中的字段与同步的数据库中的字段一致，则同步数据库中所有信息至工作表。添加完成后，查看该工作表，"用户"工作表查看页面如图 4-27 所示，"用户"工作表中暂无数据。

图 4-26　"用户"工作表的表定义

图 4-27 "用户"工作表查看页面

3. 同步数据

同步数据配置如图 4-28 所示。

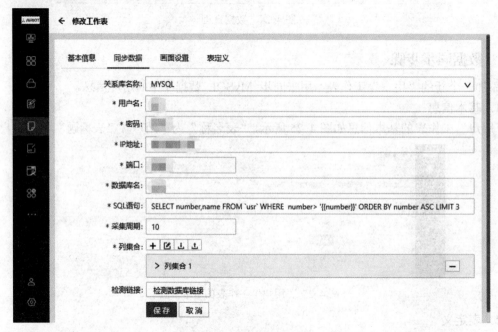

图 4-28 同步数据配置

1）关系库名称：关系库名称为下拉列表，选项包括 MYSQL、POSTGRE、SQLITE3、ORACLE 和 SQLSERVER，分别对应 MySQL、PostgreSQL、SQLite3、Oracle 和 SQLServer 五种数据库。这里选择 MYSQL。

2）用户名和密码：用户名和密码为要同步数据库的用户名和密码。

3）IP 地址：IP 地址为要同步数据库的 IP 地址。

4）端口：端口为要同步数据库的端口，一般数据库安装时默认端口为 3306。

5）数据库名：数据库名为要同步数据库的名字。

6）SQL 语句：用于获取数据库中的数据，采用 SELECT 语句，遵循相应数据库规范，MySQL 中推荐格式为"SELECT 字段 1,字段 2,…,字段 n FROM `表名` WHERE 字段 1 > '{{字段 1}}' ORDER BY 字段 1 ASC LIMIT 3"。其中"`表名`"两端为反单引号，"'{{字段 1}}'"两端为单引号，"ORDER BY 字段 1 ASC"表示按字段 1 升序获取，"DESC"为降序，"LIMIT 3"为一次获取的最大数据条数。本例中为"SELECT number,name FROM `usr` WHERE number>

'{{number}}' ORDER BY number ASC LIMIT 3"，表示从 usr 表中获取 number 和 name 两个字段，规则为 number 大于 AIRIOT 中 number 时一次最多获取 3 条数据，数据按 number 升序排序。

7）采集周期：采集周期为同步数据的时间间隔，单位为 s，这里为 10s。

8）列集合：列集合与 SQL 语句对应，用于设置获取规则，列集合配置如图 4-29 所示。列名"number"与 SQL 语句中及表定义（见图 4-26）中序号的"key"一致。

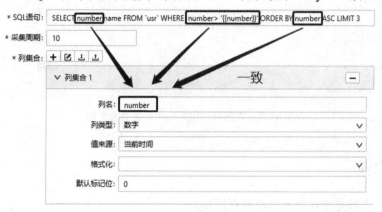

图 4-29　列集合配置

9）检测链接：用于检测数据库是否成功链接，单击"检测数据库链接"按钮，弹出链接结果提示，成功为 ⊘数据库建立连接成功! ，否则为链接失败，用户名、密码、IP 地址等设置错误均会导致链接失败。

配置完成后，单击"保存"按钮，返回"工作表"页面，并提示"保存工作表成功"⊘保存工作表成功，若设置无误，则数据库中数据将同步至"用户"工作表，同步数据后"用户"工作表查看页面如图 4-30 所示，存在两条数据，正是从数据库中同步过来的数据。

图 4-30　同步数据后"用户"工作表查看页面

在数据库 user 的 usr 表中添加两条数据，如图 4-31 所示。刷新"用户"工作表查看页面，刷新后"用户"工作表查看页面如图 4-32 所示，usr 表中新添加的数据已经同步至工作表中。

图 4-31　在数据库 user 的 usr 表中添加两条数据

71

图 4-32 刷新后"用户"工作表查看页面

4.3 实践作业

创建一个工作表并实现指定字段数据同步。

第5章 统 计 分 析

统计分析是生产管理过程中必不可少的一个重要环节，既能够实时反映设备状态，又能够对设备长期运行状态进行统计和分析，便于管理人员掌握设备实时状态，并对未来状态进行预测。报表是统计分析的重要工具，AIRIOT 提供了强大的报表系统，支持参数自定义、二级表头、精准筛选等功能，具有很强的灵活性。

5.1 智能报表

5.1.1 添加报表定义

单击主菜单"报表管理"圖图标，进入"报表定义"页面，如图 5-1 所示，如果已经添加报表，则页面列出所有报表。单击"+添加报表定义"按钮，切换到"添加报表定义"页面，如图 5-2 所示，可对报表进行自定义，内容包括报表名称、模型、报表类型、报表统计方式、报表周期、周期间隔和表格。

图 5-1 "报表定义"页面

图 5-2 "添加报表定义"页面

（1）报表名称

用户可根据实际需要定义报表名称。

（2）模型

"模型"为下拉列表，可选择已经定义好的模型。

（3）报表类型

AIRIOT 报表具有按资产统计和按时间统计两种报表类型，按资产统计则报表第一列为资产。

（4）报表统计方式

AIRIOT 报表统计方式有实时统计和定时统计两种。

（5）报表周期

报表类型为按资产统计时，报表周期包括日报和周报，报表类型为按时间统计时，报表周期包括日报、周报和小时报。

（6）周期间隔

"周期间隔"用于设置两次报表的间隔，当设置周期间隔为 2 时，如果报表周期为日报，则两天统计一次，如果报表周期为周报，则两周统计一次。

（7）表格

"表格"用于设置报表各列内容，单击"编辑"按钮，打开表格编辑窗口，双击单元格，弹出该单元格内容设置选项，如图 5-3 所示，包括文本、变量和公式。

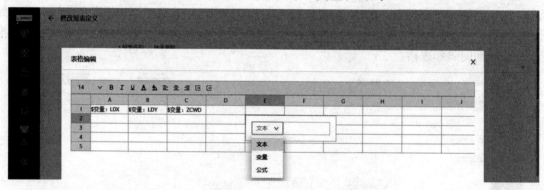

图 5-3　表格编辑窗口

1）文本。选择"文本"时，可输入文本，该单元格将显示输入的文本，文本示例如图 5-4 所示。

2）变量。"变量"即资产所有的数据点，可通过下拉列表选择，变量选择如图 5-5 所示，选择变量后，该单元格内容为变量值。

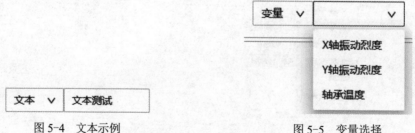

图 5-4　文本示例　　　　　　　　　　　图 5-5　变量选择

3）公式。单元格选择"公式"时，可对变量进行运算，该单元格内容为公式计算结果，公式包括数学函数和逻辑函数，公式示例如图 5-6 所示。

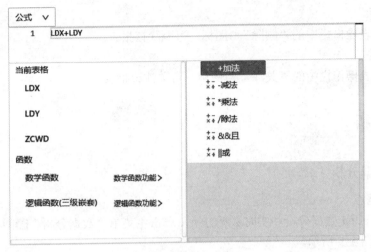

图 5-6　公式示例

设置完成后，单击"保存"按钮，自动返回"报表定义"页面，页面显示已添加的报表，如图 5-7 所示。

图 5-7　添加报表后的"报表定义"页面

5.1.2　报表查看、修改、删除与关注

1. 报表查看

单击相应报表操作栏中的"查看报表"按钮，可查看该报表内容，"轴承参数"报表如图 5-8 所示，报表支持查询、数据拷贝、导出和打印。

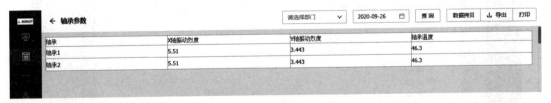

图 5-8　"轴承参数"报表

2. 报表修改

单击相应报表操作栏中的"修改" 图标，可修改该报表。

3．报表删除

单击相应报表操作栏中的"删除" 🗑 图标，可删除该报表。

4．报表关注

单击相应报表操作栏中的"关注" 📁 图标，可关注该报表。

5.2　数据分析

5.2.1　历史数据分析

1．添加数据点

AIRIOT 支持历史数据分析和实时数据分析，单击主菜单"数据分析" 📊 图标，打开"数据分析"页面，如图 5-9 所示。

图 5-9　"数据分析"页面

单击"添加数据点"按钮，弹出"选择数据点"对话框，如图 5-10 所示，可展开左侧资产，选中资产则右侧出现该资产下可添加的变量，如电机 1 有起停、转速、X 轴振动烈度等11 个变量，勾选则添加该变量进行数据分析。

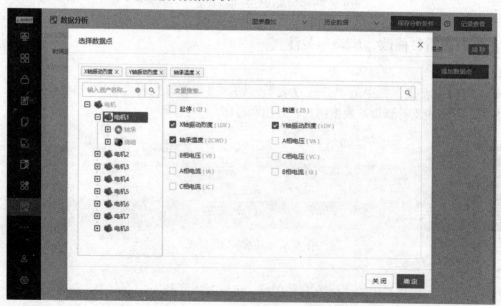

图 5-10　"选择数据点"对话框

勾选完成后，单击"确定"按钮，完成变量添加，"选择数据点"对话框自动关闭，设置好显示规则，"数据分析"页面出现数据波形，X 轴振动烈度、Y 轴振动烈度和轴承温度变量分析如图 5-11 所示。鼠标停放位置可出现该时刻变量值，滚动鼠标可缩放时间。

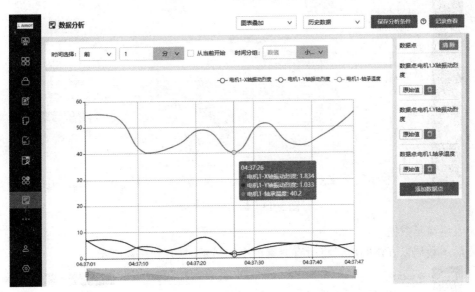

图 5-11　X 轴振动烈度、Y 轴振动烈度和轴承温度变量分析

2. 显示格式设置

AIRIOT 数据分析支持图表叠加、图表平铺、标签显示图表、表格显示数据和合并表格显示数据 5 种显示格式，默认为图表叠加格式，单击"图表叠加"出现下拉列表，可选择相应格式。

（1）图表叠加

图表叠加显示格式将所有变量波形图放在一个图中，如图 5-11 所示。

（2）图表平铺

图标平铺格式将不同变量分别放在不同图中，并同时平铺显示出来，如图 5-12 所示。

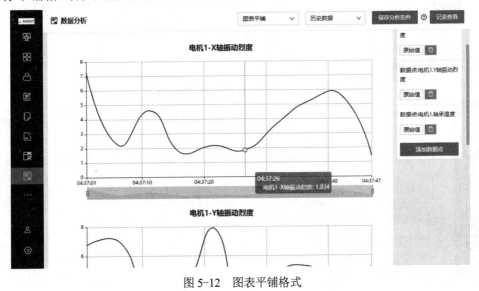

图 5-12　图表平铺格式

（3）标签显示图表

标签显示图表将不同变量分别放在不同图中，通过标签可选择要查看的变量，如图 5-13 所示。

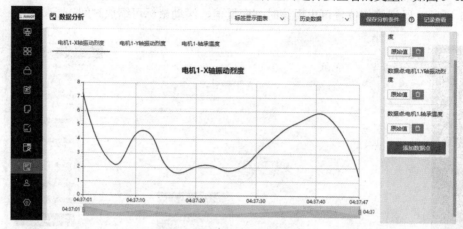

图 5-13　标签显示图表

（4）表格显示数据

表格显示数据以表格的形式将所有变量值平铺显示，如图 5-14 所示。

图 5-14　表格显示数据

（5）合并表格显示

合并表格显示将所有数据合并为一个表格显示，如图 5-15 所示。

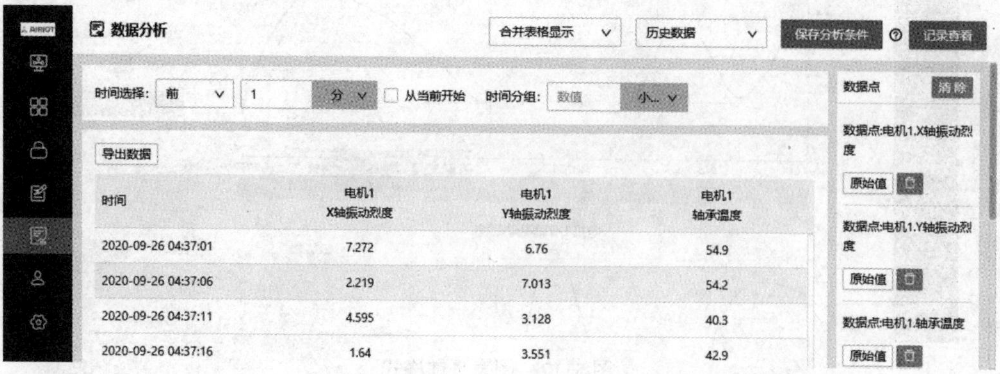

图 5-15　合并表格显示

3. 时间选择

数据分析图表上方为"时间选择"，输入相应条件，可查看当前条件下的数据，一般时间选择包括包含 3 个条件，第 1 个条件为时间段（包括前、后、当前、早于、晚于、介于之间），第 2 个条件为数值，第 3 个条件为时间单位（包括天、周、月、年、季度、时、分和秒），如图 5-15 中查看的数据为前 1 分钟的数据。

4. 时间分组

"时间分组"用于数据统计，默认为不分组，分组条件包括两个，第 1 个为数值，表示分为几组，第 2 个为时间单位（包括天、周、分钟和小时）。时间分组示例如图 5-16 所示，统计前 10 分钟的数据，2 分钟一组，共分为 5 组，数据点下方出现统计方式选项，单击可打开下拉列表，可选择统计方式，统计方式包括平均值、中位值、数量、最小值、最大值、求和、首个值和最末值。

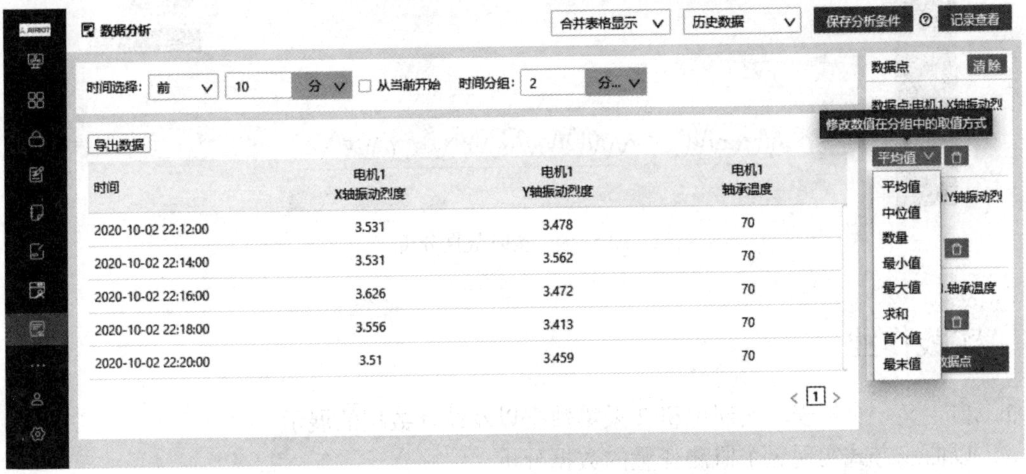

图 5-16　时间分组示例

5. 保存分析条件与记录查看

单击"保存分析条件"按钮，弹出"添加记录"对话框，如图 5-17 所示，填写相应信息后，可将数据点信息及其分析条件保存。单击"记录查看"按钮，弹出"记录管理"侧边栏，如图 5-18 所示，单击相应记录的"查看分析结果" ◎ 图标，可查看记录，单击"修改" ✎ 图标，可修改记录名称和记录权限，单击"删除" 🗑 图标，可删除该条记录。

图 5-17　"添加记录"对话框

图 5-18　"记录管理"侧边栏

5.2.2 实时数据分析

数据分析默认为历史数据，单击"历史数据"，出现下拉列表，可选择"实时数据"，实时数据分析如图 5-19 所示，可以看到数据实时变化，其各项功能同历史数据分析。

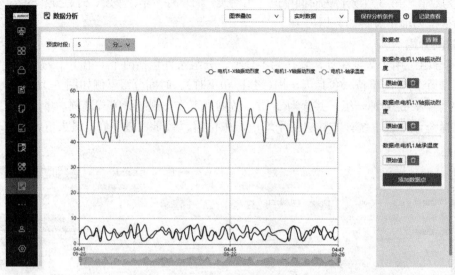

图 5-19　实时数据分析

5.3　实践作业

1. 自定义一个报表，实现电机 2 采集数据以及统计数据的展示。
2. 以曲线方式实现 3 个监测变量的数据分析。

第6章 智能报警

智能报警是 AIRIOT 物联网平台的重要功能之一，可实现对设备或系统运行过程中发生的或即将发生的故障、错误等产生报警，确保运行过程安全。AIRIOT 智能报警主要功能有报警规则等级、报警规则自定义设置、报警信息实时显示及推送、报警与视频联动、报警处理优先级及处理人员关联、第三方工单系统对接、报警信息查询归档及数据挖掘等。

6.1 报警种类

应用现场存在大量不同的设备，其异常状态多种多样，为便于进行报警管理，在设置报警规则前需先定义报警种类。报警种类定义步骤如下。

（1）确定设备常见异常状态

报警种类定义前应首先明确设备常见异常状态，如电机故障通常分为机械故障和电气故障两类。机械故障包括转子不平衡、轴承损坏、定子转子气隙小等，机械故障通常表现为振动异常、轴承过热、噪声增大等，可通过振动、温度、噪声等分析故障类别。电气故障包括三相不平衡、断相、相间短路等，可通过电气参数判定故障类别。

（2）报警种类定义

明确设备常见异常状态后，可在"系统设置"→"报警配置"中定义报警种类，以电机模型为例，其报警种类定义方法如图 6-1 所示，具体步骤为选择"系统设置"→"报警配置"→"添加报警种类"，然后填写报警种类信息最后单击"保存"按钮。其中填写报警种类信息如图 6-2 所示，"种类名称"一般根据设备异常状态命名，报警选项可根据实际需要选择是否需要处理、是否提醒报警及报警信息是否显示。

图 6-1 报警种类定义方法

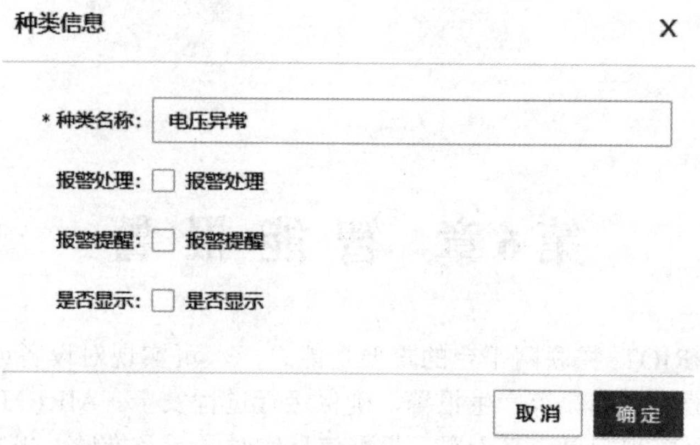

种类信息   X

* 种类名称： 电压异常

报警处理： ☐ 报警处理

报警提醒： ☐ 报警提醒

是否显示： ☐ 是否显示

取消   确定

图 6-2 填写报警种类信息

6.2 报警规则自定义设置

6.2.1 优先级

AIRIOT 可在模型和资产中自定义报警规则，包括模型"报警设置"报警规则、模型"设备配置"数据点报警规则、资产"报警信息"报警规则、资产"设备配置"数据点报警规则四种和低、中、高三级报警级别。四种报警规则优先级见表 6-1，优先级以 0～3 表示，数字越大优先级越高，四种报警规则支持覆盖与并发。

表 6-1 四级报警规则优先级

	规 则	优 先 级	描 述
模型	"报警设置"报警规则	0	该规则在"模型管理"→"报警设置"中定义，支持三级报警级别、报警描述、报警类别、报警逻辑等设置，设定后该模型下的所有资产均执行该规则（不定义资产规则）
	"设备配置"数据点报警规则	1	该规则在"模型管理"→"设备配置"→"数据点"中定义，仅支持数值报警，包括低、低低、高、高高的中级和高级两级报警级别设置，设定后如与模型"报警设置"报警规则重复，仅数值不同，则覆盖模型"报警设置"报警规则，否则与模型"报警设置"报警规则并发（不定义资产规则）
资产	"报警信息"报警规则	2	该规则在"资产管理"→"修改资产"→"报警信息"中定义，支持三级报警级别、报警描述、报警类别、报警逻辑等设置，设定后如与模型"报警设置"报警规则重复，仅数值不同，则覆盖模型"报警设置"报警规则，否则与模型"报警设置"报警规则并发
	"设备配置"数据点报警规则	3	该规则在"资产管理"→"修改资产"→"设备配置"→"数据点"中定义，仅支持数值报警，包括低、低低、高、高高的中级和高级两级报警级别设置，设定后如与资产"报警设置"报警规则重复，仅数值不同，则覆盖资产"报警设置"报警规则，否则与资产"报警设置"报警规则并发

根据表 6-1 总结如下：①AIRIOT 报警规则可在模型和资产中分别定义；②模型规则定义后，则该模型下所有资产均默认执行该报警规则；③模型规则可在相应模型下的"报警设置"→"报警规则"中定义复杂逻辑报警规则，同时可在"模型管理"→"设备配置"→"数据点"中定义简单的数值报警规则；④资产规则针对模型下不同资产所处环境细化报警规则；⑤资产规则可在"资产管理"→"修改资产"→"报警信息"中定义复杂逻辑报警规则，同时

可在"资产管理"→"设备配置"→"数据点"中定义简单的数值报警规则；⑥四种规则优先级不同，如果不同优先级定义相同的规则，则执行优先级高的规则，如果不同优先级定义不同的规则，则执行所有报警规则。

6.2.2　自定义设置

在实际应用中，模型报警规则可对系统中同类设备进行统一配置，再针对同类设备不同资产有针对性地定义资产报警规则，下面以电机为例进行报警规则定义。

1. 模型"报警设置"报警规则自定义设置

模型"报警设置"报警规则支持三级报警、报警描述、报警类别、报警逻辑等复杂报警规则设置，具体定义方法如下。

（1）打开模型"报警设置"报警规则设置页面

单击主菜单"模型管理" 图标，选择模型（这里以电机模型为例），单击"报警设置"，单击"报警规则"下 图标，打开模型"报警设置"报警规则设置页面，具体步骤如图 6-3 所示。

图 6-3　打开模型报警设置报警规则设置页面步骤

（2）设置报警规则

根据模型报警需求设置报警规则，如中小型电机正常运行时 X 轴振动烈度通常小于 4，当其介于 4~6 之间时表示轴承发生轻度磨损，当其值大于 6 时则表示轴承磨损严重，因此可对电机轴承运行状态进行监测报警，报警规则定义步骤及参数如图 6-4 所示，其中带"*"的为必填项，各参数具体说明如下。

1）报警规则名称：可随意命名报警规则名称，一般建议根据监测对象变量及其表征的故障状态命名，这里监测轴承轻微磨损，因此命名为"轴承轻微磨损"。

2）报警等级：模型"报警设置"报警规则的报警等级分为低、中、高三级，表示报警的紧急性，为必须设置选项。该选项采用下拉列表形式，用户可根据实际情况及报警紧急性选择低、中或高，这里为轻微磨损，因此报警等级选择为"中"，若监测严重磨损则可设置报警等级为高。

3）报警描述：报警描述将显示在实时报警信息中，可提示报警原因，为必须设置选项，用户可根据实际情况添加描述，此处针对电机轻微磨损描述为"X 轴振动烈度介于 4~6 之间，轻微磨损"。

4）报警间隔：在资产报警产生后，在设定的间隔时间内同样的报警规则不会产生新的报警信息，单位为秒。该选项默认为 0，即同样报警规则产生的报警也会显示。由于电机振动烈度数据通常间隔 10s 采集一次，因此设置为"60"，如果 60s 内产生了 6 次报警，则只报警 1 次，可减少相同报警的频率。

图 6-4　报警规则定义步骤及参数

5）报警死区：该选项为数值，表示数据报警值与恢复值的波动范围，默认为 0，即严格按照逻辑设置值执行。由于不同环境下电机振动存在噪声情况不同，其烈度也会有轻微不同，这里设置为"0.2"，根据报警逻辑，则 X 轴振动烈度发生报警后，只有在烈度小于 3.8 或者大于 6.2 之后才恢复报警。

6）报警类别：报警类别即报警种类，报警种类设置以后，此处下拉列表会有相应选项，可根据需要选择，该选项为必须设置选项。这里选择为"振动异常"。报警种类设置方法在 6.1 节已详细描述，此处不再赘述。

7）报警提醒：勾选后为启用，产生报警后将进行消息提醒，报警数量自动增加；否则为禁用，产生报警后不提醒，报警提示和应添加的报警数量均消失。

8）报警处理：勾选后为启用，产生报警后需确认、处理；否则为禁用，产生报警后不需确认、处理。

9）关注数据：选择关注数据点，当前规则的报警发生时，关注数据点在报警时刻的数值将被保存到数据库，该项非必须设置。

10）报警逻辑：报警逻辑用于设置复杂逻辑，AIRIOT 包含了所有常用逻辑，采用下拉列表形式，报警逻辑见表 6-2，此处设置 X 轴振动烈度在 4～6 之间。

表 6-2 报警逻辑

序　号	名　　称	描　　述
1	或者	几个条件满足其一即可报警
2	并且	满足所有条件才报警
3	恒等于	参数恒等于设定值时报警
4	等于	参数等于设定值时报警
5	不等于	参数不等于设定值时报警
6	恒不等于	参数恒不等于设定值时报警
7	取反	参数取反后为真报警
8	小于等于	参数小于等于设定值时报警
9	大于等于	参数大于等于设定值时报警
10	小于	实际参数小于设置数值时产生报警
11	大于	实际参数大于设置数值时产生报警
12	逻辑与	多个参数逻辑与为真报警
13	逻辑或	多个参数逻辑或为真报警
14	在…中间	参数在设定值之间时报警
15	+	参数相加，可与以上逻辑配合应用
16	−	参数相减，可与以上逻辑配合应用
17	*	参数相乘，可与以上逻辑配合应用
18	/	参数相除，可与以上逻辑配合应用
19	%	参数取余，可与以上逻辑配合应用

11）延时提醒时长：若设置延时提醒时长，则产生报警后经过设定时长后进行第一次报警提醒，单位为秒（s），默认为 0。

12）确定：报警规则所有设置完成后单击"确定"按钮，返回模型"报警设置"报警规则设置页面，单击该规则下的"保存"按钮，完成规则自定义设置。

（3）修改报警规则

在模型"报警设置"报警规则设置页面下单击要修改规则下方的"修改" ✐ 图标，打开该报警规则设置页面，即可进行修改，修改完成后注意保存。

该规则设定后，对电机模型下所有电机生效，该模型下任何电机 X 轴振动烈度满足报警条件时均产生报警，单击主菜单"报警处理" 🔔 图标，打开"报警信息"页面，如图 6-5 所示，该页面显示了所有报警信息，单击"显示列"可选择报警信息显示字段。

图 6-5　报警信息页面

2. 模型"设备配置"数据点报警规则自定义设置

模型"设备配置"数据点报警规则仅支持简单的数值报警，包括低、低低、高、高高的中级和高级两级报警级别设置，具体定义方法如下。

（1）打开模型"设备配置"数据点报警规则设置页面

单击主菜单"模型管理" ![icon] 图标，选择模型，这里以轴承模型的 X 轴振动烈度为例，单击"设备配置"标签，单击数据点"X 轴振动烈度"下"修改" ✎ 图标，弹出"X 轴振动烈度"对话框，单击"报警规则"，打开模型"设备配置"数据点报警规则设置页面，具体步骤如图 6-6 所示。

图 6-6　打开模型"设备配置"数据点报警规则设置页面

（2）设置报警规则

根据模型报警需求设置报警规则，中小型电机 X 轴振动烈度大于 6 时则表示轴承磨损严重，因此可设置"高高"为 6，当 X 轴振动烈度大于 6 时产生高级报警，如图 6-7 所示，设置完成后单击"确定"保存。

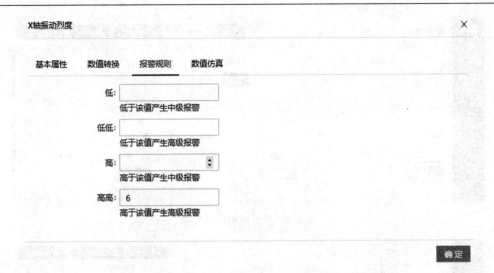

图 6-7 模型"设备配置"数据点报警规则"高高"设置

该规则设定后，对轴承模型下所有轴承生效，该模型下任何轴承 X 轴振动烈度满足报警条件时均产生报警，单击主菜单"报警处理" 图标，打开"报警信息"页面，如图 6-8 所示，电机和轴承均产生报警。

图 6-8 报警信息页面

3. 资产"报警信息"报警规则自定义设置

资产"报警信息"报警规则在资产管理中设置，可对具体设备进行报警规则细化设置，设置完成后，该规则仅适用于具体设备，如电机模型下包含大量中小型电机，1 台大型电机，则可对该大型电机进行特殊设置，具体定义方法如下。

（1）查看资产

查看电机资产步骤如图 6-9 所示，单击主菜单"资产管理" 图标，单击"查看资产"按钮，即可打开资产列表。

（2）修改资产

在资产列表中单击某一资产最右侧"修改" 图标，即可打开修改资产页面，如图 6-10 所示。

图 6-9 查看电机资产步骤

图 6-10 打开"修改资产"页面

（3）设置报警规则

在"修改资产"页面单击"报警信息"，切换到报警信息栏，单击"报警规则"下的"添加" ➕ 图标，弹出报警规则设置对话框，可设置报警规则，设置方法与模型"报警设置"报警规则设置方法相同。打开报警规则设置对话框步骤如图 6-11 所示，

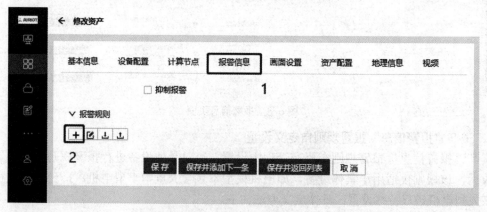

图 6-11 打开报警规则设置对话框步骤

4. 资产"设备配置"数据点报警规则自定义设置

在"修改资产"页面单击"设备配置"，单击"数据点"可设置资产数据点报警规则，设置方法同模型下数据点报警规则。需要注意的是，资产数据点继承了模型数据点，需重新配置资产数据点，可根据实际情况配置某几个比较关注的数据点。

6.3 实时报警信息

6.3.1 平台实时报警信息

产生报警时将在系统前台页面底部实时显示报警信息，前台实时显示报警信息示例如图 6-12 所示，可批量操作报警信息，如全部确认、全部处理、查看全部等。

图 6-12 前台实时显示报警信息示例

6.3.2 集成第三方系统报警信息

AIRIOT 除了能够自定义报警规则产生报警信息，还集成了第三方系统报警，可将第三方系统报警信息显示在系统页面，目前已集成海康威视安防管理系统、周界防范、钥匙柜管理等系统，第三方系统报警示例如图 6-13 所示。

图 6-13 第三方系统报警示例

6.4 报警信息推送

AIRIOT 具有报警信息推送功能，可通过邮箱、短信、微信公众号推送报警信息，需在系统设置中设置邮箱、电话和微信公众号。通过邮箱推送报警信息示例如图 6-14 所示，邮件内容为报警时间、报警类型、报警描述、报警等级等信息。

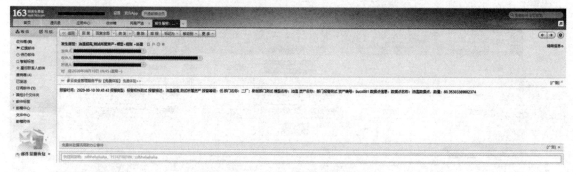

图 6-14　通过邮箱推送报警信息示例

6.5 报警确认/处理

6.5.1 权限管理

产生报警信息后，在报警信息页面可进行确认和处理，确认和处理需要相应权限，该权限在"权限管理"→"角色管理"→"修改角色（或添加角色）"→"功能模块"中设置，与报警相关的权限有报警信息和报警归档信息。"修改角色"页面如图 6-15 所示，该角色为"一线工人"，对该角色下所有用户只授予"查看"权限，无确认/处理权限。

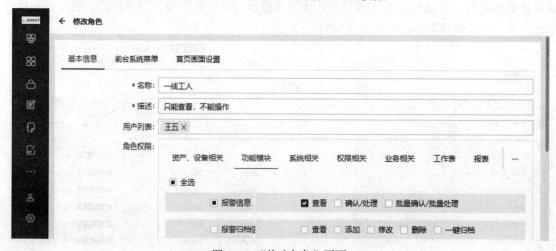

图 6-15　"修改角色"页面

本节示例设置了 3 个用户，分别为张三（管理员，拥有所有权限）、李四（中层干部，拥有查看和确认/处理权限）和王五（一线工人，仅有查看权限）。

6.5.2 报警确认

报警确认用于确认报警，确认报警操作如图 6-16 所示，单击"报警信息"页面相应报警项右侧"确认"按钮，弹出"是否确认报警"对话框，单击"确认"按钮，则确认该条报警。

确认报警后相应报警项右侧的"确认"按钮变为"已确认"，该条报警不会再被确认（包括其他用户），同时在"确认人"列显示确认该报警的用户名。

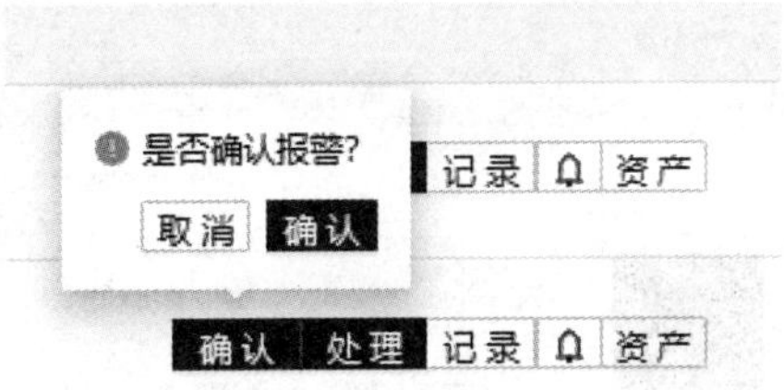

6.5.3 报警处理

图 6-16 确认报警操作

报警处理用于处理报警，处理报警操作如图 6-17 所示，单击"报警信息"页面相应报警项右侧"处理"按钮，弹出"是否处理报警"对话框，单击"确认"按钮，则处理该条报警。

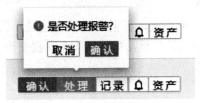

图 6-17 处理报警操作

处理报警后需要填写相应的处理内容，处理内容填写方法如图 6-18 所示，单击相应报警项"报警处理"列下的"修改" ✎ 图标，弹出文本输入框，输入处理内容后，单击"修改"按钮，文本输入框自动消失，完成报警处理内容填写。

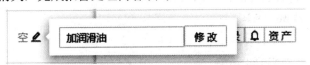

图 6-18 处理内容填写方法

张三和李四报警信息确认与处理示例如图 6-19 所示。

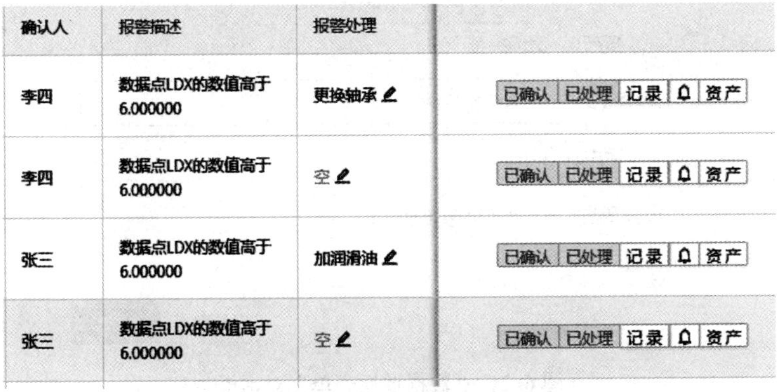

确认人	报警描述	报警处理	
李四	数据点LDX的数值高于6.000000	更换轴承 ✎	已确认 已处理 记录 🔔 资产
李四	数据点LDX的数值高于6.000000	空 ✎	已确认 已处理 记录 🔔 资产
张三	数据点LDX的数值高于6.000000	加润滑油 ✎	已确认 已处理 记录 🔔 资产
张三	数据点LDX的数值高于6.000000	空 ✎	已确认 已处理 记录 🔔 资产

图 6-19 张三和李四报警信息确认与处理示例

王五不具备确认和处理权限，显示的页面就没有确认和处理的选项，如图 6-20 所示。

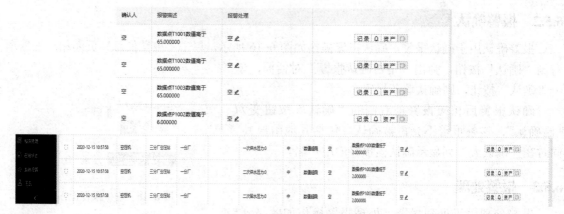

图 6-20　无确认和处理

6.5.4　第三方工单系统对接

AIRIOT 可以对接第三方工单系统，在前台"报警信息"页面单击报警项右侧"派工单"按钮，可以对接工单系统，一键派送工单，如购买设备、提交维护维修请求等。

6.6　报警记录

"报警信息"页面上方为报警记录查询与统计栏，输入查询条件可查询报警记录，如"确认动作"项选择"已确认"，单击"搜索"按钮，则报警列表只列出已确认的报警记录。

单击"过滤"按钮，弹出"数据过滤表单"对话框，如图 6-21 所示，填写相应信息后，单击"搜索"按钮可查询符合条件的报警记录。

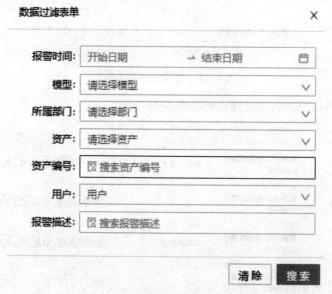

图 6-21　"数据过滤表单"对话框

单击"报警统计"按钮，弹出"设备报警信息统计"消息框，如图 6-22 所示，显示了设备信息和报警总数量，单击右上角"×"可关闭消息框。

图 6-22　"设备报警信息统计"消息框

6.7　报警归档

报警归档用于对已处理报警信息进行归档，报警归档需要具有报警归档权限，报警归档权限包括查看、添加、修改、删除和一键归档。具有权限的用户，在"报警信息"页面将显示相应权限操作按钮。

6.7.1　周期归档

周期归档用于设置报警信息自动按周期归档，单击"周期归档定义"按钮，弹出"周期归档定义"对话框，填写相应信息，单击"添加"按钮，则该定义自动添加到右侧周期归档目录下，单击"保存"按钮，完成周期归档定义，报警信息将按周期归档定义进行归档。周期归档定义示例如图 6-23 所示。

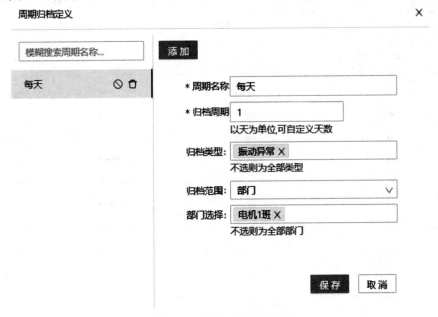

图 6-23　周期归档定义示例

6.7.2　一键归档

一键归档用于手动批量归档报警信息，单击"一键归档"按钮，弹出"一键归档"对话框，其中带"*"为必填项，填写相应信息，单击"保存"按钮，完成一键归档，满足条件的报警信息将归档。一键归档示例如图 6-24 所示。

图 6-24 一键归档示例

6.7.3 归档信息

归档的报警记录将从"报警信息"页面消失，归档到"报警归档信息"页面，单击"归档信息"按钮，切换到"报警归档信息"页面，如图 6-25 所示，显示了所有归档的报警记录。

图 6-25 "报警归档信息"页面

6.8 报警数据分析及模型优化设计

AIRIOT 支持报警模型报警信息数据挖掘分析及报警模型优化设计，可利用数据分析算法，如分类算法、回归算法、聚类算法、相似匹配、统计描述等实现大量报警信息数据挖掘分析。此外可构建故障诊断模型，如支持向量机、神经网络、深度学习等，实现故障智能诊断。数据分析及模型优化设计将在第 13 章详述。

6.9　实践作业

1．在模型中建立数据点，配置报警规则并导入。

2．创建不同用户和角色，分配不同的报警管理权限，不同用户登录前台，分别对报警信息进行处理。

3．完成报警信息的邮件推送。

第7章 事件管理

事件管理是 AIRIOT 的一个核心功能，AIRIOT 具有强大的事件管理功能，支持系统启停、计划事件、自定义指令执行、批量资产操作、数据事件、报警事件等多种事件类型和事件处理机制，覆盖了物联网应用的常用场景和应用需求，能够有效提高管理效率。

7.1 事件管理功能概述

AIRIOT 事件管理树采用三级结构，一级为事件类型，二级为具体事件，三级为具体动作，即每种事件类型可添加多个具体事件，每个具体事件可执行多项具体动作。AIRIOT 支持的事件类型包括启动系统、关闭系统、计划事件、用户登录、执行指令、报警事件、资产修改和数据事件。

单击主菜单"事件管理" 图标，打开"事件管理"页面，如图 7-1 所示，"事件管理"页面为左右结构，左侧为事件管理树，右侧为事件设置区。

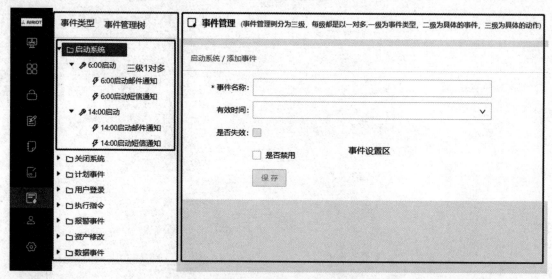

图 7-1 "事件管理"页面

选择事件类型后，可添加事件；选择具体事件后可设置事件名称、有效时间、是否失效和是否禁用；选择具体动作后，可设置执行的具体动作。设置具体动作示例如图 7-2 所示，"handle 名称"用于定义动作名称，"事件类型"用于设置具体动作，具体动作包括发送邮件、发送微信、发送短信、发送站内信、系统指令和执行脚本，前三者用于事件通知，后两者用于执行系统指令或脚本，实现资产指令或数据点操作，其他选项根据动作不同略有差异。图 7-2 中具体动作为"发送邮件"，需设置收件人、标题（邮件标题）和邮件内容。如设置具体动作为"发送微信"，则需要设置微信内容和收件人。

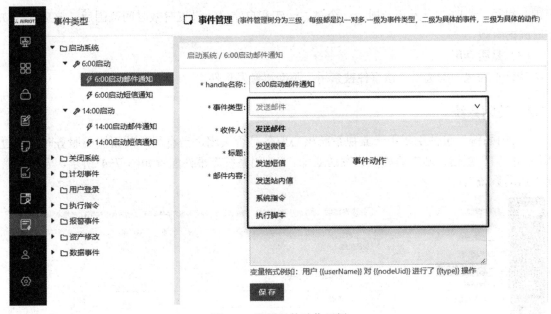

图 7-2 设置具体动作示例

7.2 事件类型

7.2.1 启动系统

"启动系统"事件主要用于监视系统核心服务的启动,当有用户启动核心服务时可通过邮件、微信、短信、站内信等形式发送通知。"启动系统"事件配置如图 7-3 所示,其中带"*"的为必填项。

图 7-3 "启动系统"事件配置

(1)事件名称

事件名称可根据实际情况自定义,其他类型事件名称同此。

(2)有效时间和是否失效

有效时间为下拉列表,包括"定义时间范围"和"不限制"两个选项,默认不填为不限制(永远有效),如果选择定义时间范围,则在有效时间下方出现"范围定义"选项,可选中时间范围，包括一小时、一天、一周、一个月、一年和自定义，设置有效时间范围后，该事件在规定时间内有效。

（3）是否禁用

默认不勾选，勾选后，该事件被禁用，不会再触发事件。

7.2.2 关闭系统

"关闭系统"事件主要用于监视系统核心服务是否关闭，当有用户关闭核心服务时可通过邮件、微信、短信、站内信等形式发送通知。"关闭系统"事件配置如图 7-4 所示，各项配置同"启动系统"。

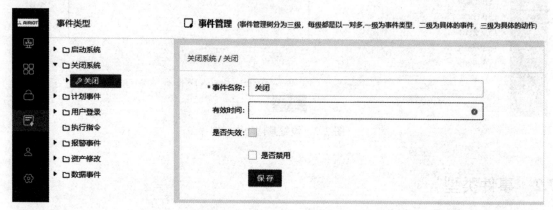

图 7-4 "关闭系统"事件配置

7.2.3 计划事件

"计划事件"事件指的是一定时间周期内执行的事件，如每隔 6 个小时执行一次指令，就需要设定计划事件，"计划事件"事件配置如图 7-5 所示，其中带 "*" 的为必填项，除 "计划事件周期" 外，其他配置项均与 "启动系统" 的相应配置项相同。

图 7-5 "计划事件"事件配置

"计划事件周期"为下拉列表，可选择仅一次、每小时、每天、每周、每月或每年，除"仅一次"外，其他周期的事件均需定义开始时间及结束时间。不同周期，开始时间对应的格式不同，结束时间均为具体的时间点，用户根据自己的需要进行设定即可。

7.2.4　用户登录

"用户登录"事件指当用户登录系统时的事件，可以选定用户，当选定的用户登录系统时可以通过邮件、微信、短信、站内信等形式发送用户登录通知。"用户登录"事件配置如图 7-6 所示，其中带"*"的为必填项，除"用户范围"外，其他配置项均与"启动系统"的相应配置项相同。"用户范围"为下拉列表，可选择指定用户、指定部门角色或全部用户，选择不同选项时配置项不同。

图 7-6　"用户登录"事件配置

选择"指定用户"时，"用户范围"下方出现"用户列表"选项，可以对平台中的用户进行选择，支持多选，选中的用户登录系统时发送通知，未选中的用户登录系统时不发送通知。

选择"指定部门角色"时，用户范围下方出现"用户所属部门"和"用户角色"两个选项，部门及角色至少设定一项，部门及角色均支持多选。当用户只设定部门时，选中部门下的所有用户默认被选中，可设置用户部门和角色。当用户只设定角色时，具有选中角色的所有用户默认被选中。当用户同时设定部门及角色时，部门的用户与角色用户取交集。选中的用户登录系统时发送通知，未选中的用户登录系统时不发送通知。

选择"全部用户"时，所有用户登录系统时均发送通知。

7.2.5　执行指令

"执行指令"事件是指对系统执行某个指令时触发的动作事件，只能执行模型、资产的指令。"执行指令"事件配置如图 7-7 所示，其中带"*"的为必填项，除模型选择、资产选择、系统指令和指令状态选择外，其他配置项均与"启动系统"的相应配置项相同。

（1）模型选择

"模型选择"为下拉列表，列表选项为系统中已存在的模型，只能选择 1 个模型。

（2）资产选择

"资产选择"为下拉列表，列表选项为已选模型下的资产，只能选择 1 个资产。

（3）系统指令

"系统指令"为下拉列表，列表选项为模型或资产中已添加的指令，可以多选。

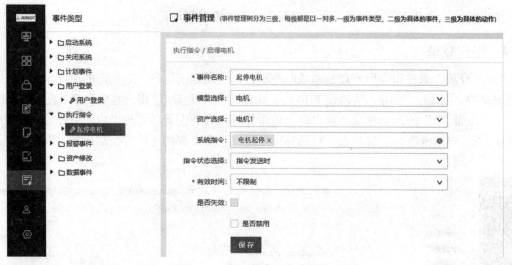

图 7-7 "执行指令"事件配置

（4）指令状态选择

"指令状态选择"为下拉列表，列表选项包括指令发送时、指令发送成功时和指令发送失败时。选择"指令发送成功时"，只有指令发送成功时才发送通知；选择"指令发送失败时"，只有指令发送失败时才发送通知；选择"指令发送时"，则无论指令发送成功或失败，指令发送即发送通知。

7.2.6 报警事件

"报警事件"事件是指系统资产发生报警时进行通知。"报警事件"事件配置如图 7-8 所示，其中带"*"的为必填项，事件名称、有效时间、是否失效和是否禁用的配置与"启动系统"中的相应项的配置方法相同。其他配置项根据事件范围不同而不同。

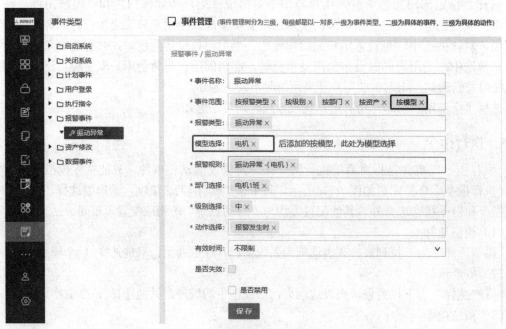

图 7-8 "报警事件"事件配置

（1）事件范围

"事件范围"为下拉列表，列表选项为按报警类型、按级别、按部门、按模型和按资产，可以多选。选择事件范围后"事件范围"下方出现相应配置项，具体为报警类型（按报警类型）、模型选择和报警规则（按模型）、部门选择（按部门）级别选择（按级别）、资产选择和报警规则（按资产）。如果同时选择了"按模型"和"按资产"，则"事件范围"下方只有"模型选择"和"报警规则"，没有"资产选择"。

（2）报警类型

"报警类型"为下拉列表，列表选项为"系统设置"→"报警配置"中已添加的报警种类。

（3）模型选择和报警规则

事件范围中添加"按模型"后，才可能有"模型选择"项，可选择系统中已存在的模型，可多选。"报警规则"只能选择模型中或资产中已添加的报警规则，可多选。

（4）部门选择

事件范围中添加"按模型"后，才有"部门选择"项，可选择系统中已存在的部门，可多选。

（5）级别选择

事件范围中添加"按级别"后，才有"级别选择"项，可选择低、中、高 3 种级别，可多选。

（6）动作选择

默认各类事件范围都有"动作选择"项，"动作选择"项为下拉列表，列表中可选择报警发生时、报警处理时、抑制模型报警时、抑制资产报警时、派工单时和报警确认时，可多选。系统中对报警执行相应操作时发送通知。

7.2.7　资产修改

"资产修改"事件是指修改系统资产时进行通知。"资产修改"事件配置如图 7-9 所示，其中带"*"的为必填项，事件名称、有效时间、是否失效和是否禁用的配置与"启动系统"中的相应项的配置方法相同。其他配置项根据事件范围不同而不同。

图 7-9　"资产修改"事件配置

（1）事件范围

"事件范围"为下拉列表，列表选项为"模型"和"资产"，只能选择其一。选择"模型"时，下方出现"模型选择"选项，可选择相应模型，可多选。选择"资产"时，下方出现"模型选择""部门选择"和"资产选择"3 个选项，均为必填项，均可多选，用户根据实际情况选择。

（2）修改类型

"修改类型"为下拉列表，列表选项与事件范围有关。事件范围为"模型"时，"修改类型"列表为编辑模型、删除模型、编辑模型画面、删除模型画面和新增模型画面；事件范围为"资产"时，"修改类型"列表为增加资产、新增资产画面、删除资产、修改资产属性、编辑资产画面和删除资产画面。"修改类型"为非必填选项，默认为空，表示所有操作均发送通知。如果填写该项，则只能选择一种。

7.2.8 数据事件

"数据事件"事件是指当数据点发生变化时发送通知。"数据事件"事件配置如图 7-10 所示，其中带"*"的为必填项，除"数据点类型"和"数据选择"外，其他配置项与"启动系统"相应配置项的设置方法类似。

图 7-10 "数据事件"事件配置

（1）数据点类型

"数据点类型"可选择模型数据点或资产数据点，只能选择其一。

（2）数据选择

"数据选择"项与数据点类型有关，数据点类型为"模型数据点"时，可选择对应模型的数据点，数据点类型为"资产数据点"时，可选择对应资产的数据点，数据点可多选。当所选数据点发生变化时发送通知。

7.3 事件处理

7.3.1 发送邮件

"发送邮件"指事件发生时通过邮件通知相关用户。"发送邮件"配置如图 7-11 所示，其中带"*"的为必填项。执行"发送邮件"动作前，需要到"系统设置"内配置邮箱服务器和用户邮件地址。

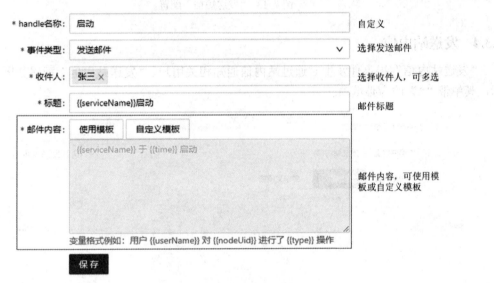

图 7-11 "发送邮件"配置

7.3.2 发送微信

"发送微信"指事件发生时通过微信通知相关用户。"发送微信"配置如图 7-12 所示，其中带"*"的为必填项。执行"发送微信"动作前，需要到"系统设置"内配置微信公众号。

图 7-12 "发送微信"配置

7.3.3　发送短信

"发送短信"指事件发生时通过短信通知相关用户。"发送短信"配置如图 7-13 所示，其中带 "*" 的为必填项。

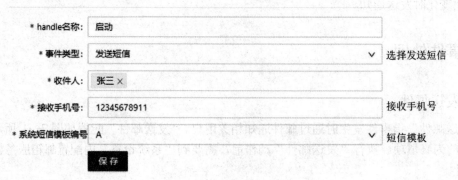

图 7-13　"发送短信"配置

7.3.4　发送站内信

"发送站内信"指事件发生时通过站内信通知相关用户。"发送站内信"配置如图 7-14 所示，其中带 "*" 的为必填项。

图 7-14　"发送站内信"配置

7.3.5　系统指令

"系统指令"用于执行系统中已有的指令，"系统指令"配置如图 7-15 所示，带 "*" 的为必填项。

7.3.6　执行脚本

"执行脚本"用于执行用户编写的脚本，"执行脚本"配置如图 7-16 所示，带 "*" 的为必填项。

图 7-15 "系统指令"配置

图 7-16 "执行脚本"配置

7.4 事件管理实例

7.4.1 系统启停实例

本实例通过配置"启动系统"和"关闭系统"事件，监测系统核心服务启停，并通过发送邮件通知用户。

1．添加"启动系统"事件

单击主菜单"事件管理" 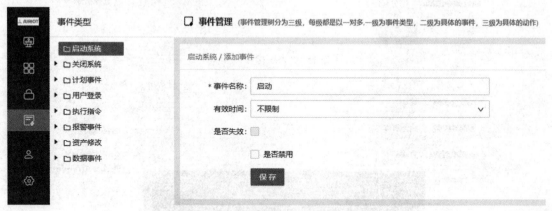图标，打开"事件管理"页面，单击"事件管理树"下的"启动系统"，打开"启动系统/添加事件"页面，如图 7-17 所示，填写事件信息后，单击"保存"按钮，该事件出现在"启动系统"的二级目录。

图 7-17　"启动系统/添加事件"页面

2．添加动作

添加"启动"事件动作步骤如图 7-18 所示，单击"启动系统"左侧"展开" ▸ 图标，展开"启动系统"目录，光标悬停在"启动" 图标上，出现"添加 Handle 和删除" ▸ 图标。

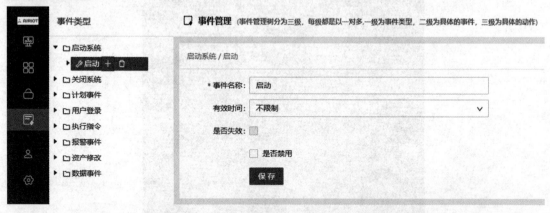

图 7-18　添加"启动"事件动作步骤

单击"添加 Handle" 图标，打开添加动作页面，添加动作示例如图 7-19 所示，完成各项信息后，单击"保存"按钮，完成"启动系统"事件配置。

3．添加"关闭系统"事件

根据添加"启动系统"事件步骤，可添加"关闭系统"事件，各项参数设置基本相同，此处不再赘述。

4．测试验证

登录安装系统虚拟机，在命令行输入启动或关闭系统的核心服务指令，即可启动或关闭系统核心服务，启动和关闭系统核心服务示例如图 7-20 所示，关闭服务命令为"docker-compose stop 服务名", 启动服务命令为"docker-compose start 服务名", 命令执行后返回执行成功或失败提示。

图 7-19　添加动作示例

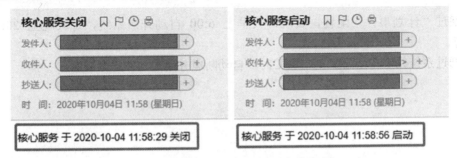

图 7-20　启动和关闭系统核心服务示例

执行上述关闭和启动服务命令后, 邮箱收到两封邮件, 标题分别为"核心服务关闭"和"核心服务启动", 核心服务关闭和启动邮件内容如图 7-21 所示。

核心服务关闭	核心服务启动
发件人:	发件人:
收件人:	收件人:
抄送人:	抄送人:
时 间: 2020年10月04日 11:58 (星期日)	时 间: 2020年10月04日 11:58 (星期日)
核心服务 于 2020-10-04 11:58:29 关闭	核心服务 于 2020-10-04 11:58:56 启动

图 7-21　核心服务关闭和启动邮件内容

7.4.2　关闭电机实例

本实例通过配置"计划事件", 实现每天 00:00:00 停止电机 1。

"停止电机 1"事件配置如图 7-22 所示，"停止电机 1"动作配置如图 7-23 所示。

计划事件 / 停止电机1

* 事件名称：	停止电机1
计划事件周期：	每天 ∨
* 操作时间：	00:00:00 🕐
结束时间：	2020-11-01 16:29:58 📅
是否失效：	☐
	☐ 是否禁用

保存

图 7-22 "停止电机 1"事件配置

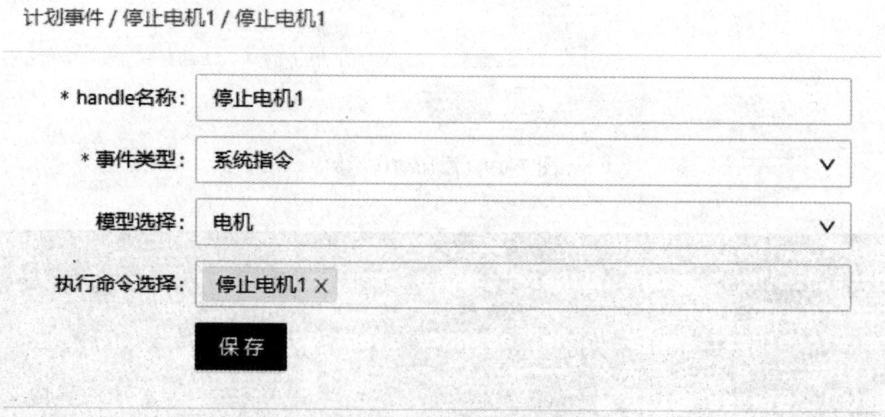

计划事件 / 停止电机1 / 停止电机1

* handle名称：	停止电机1
* 事件类型：	系统指令 ∨
模型选择：	电机 ∨
执行命令选择：	停止电机1 ×

保存

图 7-23 "停止电机 1"动作配置

7.5 实践作业

1. 通过"计划事件"配置，实现每天早上 6:00 自动开启系统，每天晚上 20:00 自动关闭系统。

2. 通过系统指令，当温度超过 80℃时，自动断电并通过邮件进行通知。

第8章 组态画面

组态（Configuration）的含义即配置、设定、设置等，是伴随着分布式控制系统（Distributed Control System，DCS）的出现而出现的，用户可以通过类似"搭积木"的简单方式来完成自己所需要的软件功能，而不需要编写计算机程序。AIRIOT 提供了强大的组态编辑器和丰富的组件库，用户可以利用组态编辑器快速设计可视化画面，极大地提高了系统的可靠性和开发速率，降低了开发难度，方便了管理与维护。

8.1 画面管理

8.1.1 画面页面简介

单击主菜单"画面管理"▦图标，打开"画面管理"页面，如图 8-1 所示，为左右结构。左侧为画面目录树，右侧为画面列表。

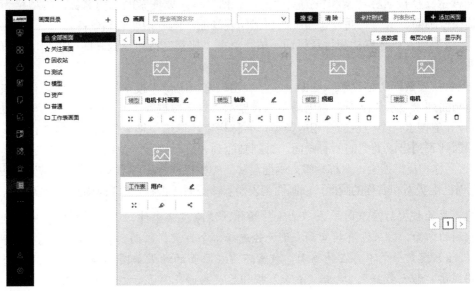

图 8-1　画面管理页面

8.1.2 画面目录管理

画面目录树位于页面左侧，以列表形式列出当前所有目录，默认包含全部画面、关注画面和回收站 3 个目录。

1．创建目录

单击右上方"添加" ＋ 图标，弹出"创建目录"对话框，如图 8-2 所示，输入目录名称后，单击"确定"按钮，对话框自动消失，页面弹出"创建目录成功" ✔ 创建目录成功 提示，"画面

109

目录"下显示新添加的目录。单击"取消"按钮，则对话框自动消失，无提示且不添加目录。

2. 修改目录、创建子目录和删除目录

光标置于相应目录处，该目录右侧出现"修改" ✐ 图标，"添加" ✛ 图标和"删除" ━ 图标，光标置于"测试"目录如图 8-3 所示。单击"修改"图标或双击目录名称文字部分可修改目录名称；单击"添加"图标，弹出"添加目录"对话框，可添加子目录；单击"删除"图标，可删除该目录，删除目录时会将该目录下所有画面一并删除，要谨慎操作。

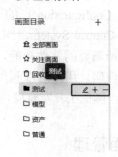

图 8-2 "创建目录"对话框   图 8-3 光标置于"测试"目录

8.1.3 画面搜索与显示

1. 画面搜索

画面搜索支持按名称搜索和按类型搜索，名称栏输入要搜索的画面名称，类型栏为下拉列表，包括模型画面、资产画面、普通画面和工作表画面，两者均非必须条件。

1）无条件搜索：名称栏和目录栏均不填，单击"搜索"按钮，则画面列表列出当前目录下所有画面。

2）按名称搜索：名称栏输入画面名称，类型栏空，单击"搜索"按钮，如果存在该名称的画面，则画面列表显示该画面，否则画面列表显示"暂无数据"。

3）按类型搜索：类型栏选择相应类型，名称栏空，单击"搜索"按钮，如果存在该类型画面，则画面列表列出该类型的所有画面，否则画面列表显示"暂无数据"。

4）按名称和类型搜索：名称栏输入画面名称，类型栏选择相应类型，单击"搜索"按钮，如果存在同时匹配类型和名称的画面，则画面列表显示该画面，否则画面列表显示"暂无数据"。

注意：画面搜索后应及时单击"清除"按钮，清除搜索条件，否则画面列表将只显示最近一次搜索到的画面，如果没有搜索到，则无论选择哪个目录，画面列表均显示"暂无数据"，如按名称（aaa）搜索一个不存在的画面，搜索不存在画面的结果如图 8-4 所示，此时选择任何目录，均显示"暂无数据"。单击"清除"按钮后，画面正常显示在画面列表。

图 8-4 搜索不存在画面的结果

2．显示形式

已存在画面在画面列表中的显示形式包括卡片形式和列表形式，可通过"卡片形式"按钮和"列表形式"按钮选择相应显示形式，默认为卡片形式，如图 8-1 所示，此时"卡片形式"按钮为橙底白字，"列表形式"按钮为白底橙字，画面以卡片形式列出。单击"列表形式"按钮，切换为列表形式显示，列表形式显示如图 8-5 所示，此时"卡片形式"按钮为白底橙字，"列表形式"按钮为橙底白字，画面以列表形式列出。

图 8-5　列表形式显示

8.1.4　画面创建、查看、编辑、分享、删除与复制

画面以卡片或列表形式展示在画面列表，画面卡片显示如图 8-6 所示，每个画面卡片右上角有"关注" █ 图标，单击可以关注画面。画面卡片下方显示画面类型及名称，画面类型包括模型画面、资产画面、工作表画面和普通画面。画面支持的操作包括查看画面、编辑画面、分享画面、删除画面和复制画面。

图 8-6　画面卡片显示

1．画面创建

单击"+添加画面" █ 添加画面 按钮，弹出"添加画面"对话框，如图 8-7 所示，带"*"的为必填项，输入画面名称，选择画面目录（非必须），上传画面缩略图（非必须），单击"保存"按钮，对话框自动消失，此时页面弹出"画面添加成功" ◉ 画面添加成功 提示，同时新添加的

画面显示在画面列表中。单击"取消"按钮，则对话框自动消失，无提示且不添加画面。

图 8-7 "添加画面"对话框

2. 查看画面

单击画面卡片下方"查看画面" ⁞ 图标，页面切换至对应画面，电机卡片画面查看示例如图 8-8 所示，单击卡片主体，可查看带左侧操作菜单的画面展示状态。

图 8-8 电机卡片画面查看示例

3. 编辑画面

单击画面卡片下方"编辑画面" ✎ 图标，页面切换至编辑画面，电机卡片画面编辑示例如图 8-9 所示。

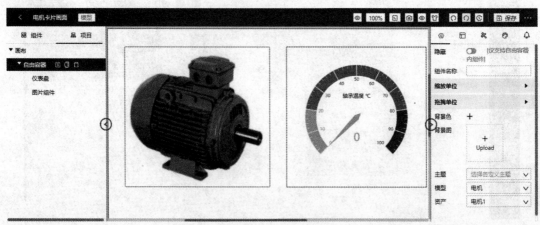

图 8-9 电机卡片画面编辑示例

4. 分享画面

单击画面卡片下方"分享画面" ⁌ 图标，弹出分享链接对话框，电机卡片画面分享示例如图 8-10 所示，单击"复制"按钮，复制链接，可发送给被分享人，被分享人打开链接可以查看画面，但只能查看，不具备编辑画面权限。

图 8-10 电机卡片画面分享示例

5．删除画面

单击画面卡片下方"删除画面" 🗑 图标，弹出删除画面对话框，如图 8-11 所示，勾选"是否彻底删除"，单击"确定"按钮，则画面被彻底删除，不可恢复；不勾选"是否彻底删除"，单击"确定"按钮，则画面被放入回收站，在回收站可恢复画面。工作表画面在此处不支持删除，如需删除，需在工作表管理中删除。

图 8-11 删除画面对话框

6．复制画面

只有普通画面可以复制，单击画面卡片下方"复制画面" 🗐 图标，则复制该画面，在画面列表中显示复制画面，名称为"×××副本[随机码]"，×××是原画面名称，[随机码]是为了避免多次复制同一画面时名称重复。复制"测试"画面示例如 8-12 所示。

图 8-12 复制"测试"画面示例

8.2 组态编辑器

8.2.1 认识组态编辑器

组态编辑器用来编辑画面，可以通过各种容器组件的组合，搭建出满足需求的个性化画面。单击画面卡片下方"编辑画面" ✏ 图标，打开画面编辑页面，如图 8-13 所示，画面编辑页面为左中右结构，左侧为组件库及项目库区域，中间为编辑区域，右侧为属性配置区域。通过单击的形式，可以将组件添加至编辑区域对组件进行编辑，当选中组件时，右侧属性配置区域出现对应的属性配置信息。打开画面编辑页面后，自动选中"项目"→"画布"，可设置画布属性。

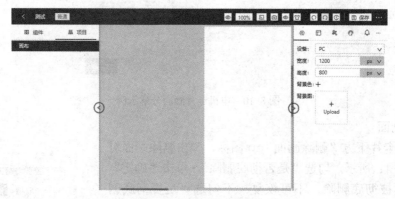

图 8-13　画面编辑页面

1．画布属性设置

画布属性设置包括设备、宽度、高度、背景色和背景图。

（1）设备

设备属性为下拉列表，可以根据画面显示设备选择，如 PC、iPhone 6/7/8、Nexus 5/6 等。

（2）宽度和高度

宽度和高度用于设置画面宽和高，均为下拉列表，包括像素（px）、百分比（%）和自动（auto），若选择"自动"，则画面根据显示内容自动调整大小。

（3）背景色

背景色用于设置画面背景颜色，画布默认无背景颜色，单击＋图标，画面背景色改为默认背景色（灰色），单击"颜色条" ▇▇▇ 图标，弹出颜色选择窗口，可以选择颜色，颜色选择窗口如图 8-14 所示。选择颜色后，颜色条变为相应颜色，再次单击空白处，关闭颜色选择窗口。单击背景色右侧－图标，可删除背景色，画布恢复无背景色状态。

（4）背景图

背景图用于设置画布背景图片，可以丰富流程画面背景样式，提升画面美观度。可为项目画面建立统一图形模板，如同前台母版，还能便捷引用已有工艺流程图、固有设备图等，实现重复利用，提高效率。

图 8-14　颜色选择窗口

单击"Upload" 图标，弹出图片文件选择对话框，支持 jpg、png、gif、svg、ico 等大部分常用图片格式。

2．画面常规操作

画面编辑页面右上角包含了画面常规操作图标，如预览 ◉、百分比 100%、源代码 ▣、主题 ▣、后退 ↺、前进 ↻、历史操作记录 ◷、保存 保存 和其他 ⋯ 等。

（1）预览

单击"预览" ◉图标，可以预览画面。

（2）百分比

单击"百分比" 100%图标，弹出百分比滑块，可以设置画面显示百分比。

（3）源代码

单击"源代码" ▣图标，弹出画面源代码，源代码只可查看，不能编辑。

（4）主题

单击"主题" ▣图标，弹出主题设置对话框，可以设置主题。

（5）前进和后退

单击"前进" <u>◯</u> 图标或"后退" <u>◯</u> 图标，画面可前进或后退一步。

（6）画面历史记录

单击"画面历史记录" <u>◯</u> 图标，弹出历史记录窗口，默认显示 10 条记录，单击记录跳转到对应记录页面。

（7）保存

单击"保存" <u>图 保存</u> 图标，可保存画面。

（8）其他

单击"其他" <u>···</u> 图标，弹出其他选项，包括画面预览、画面分享、文件导入和文件导出，导入和导出的文件为 json 格式，是画面的源文件。

8.2.2　主要组件及基础属性

AIRIOT 包含了大量组件，单击"组件" <u>器 组件</u> 标签，左侧项目区域切换为组件区域，显示系统所有的组件，右侧为组件属性配置区域，只有选中组件后，属性才会显示。属性项包括基础属性、布局、动画、样式、事件，只有弹性布局容器和自由容器的子容器存在属性设置，每个组件的基础属性不同，动画、样式、事件的配置相同。组件根据类别分为容器、设备、图形、图表、其他、数据、数据展示、数据输入、数据视图容器、数据视图元素、页面、通信、版本兼容、移动端组件、移动端容器、可视化组件、设备组件、视频和自定义组件。下面分别介绍各类常用组件及其属性。

1. 容器组件

容器组件中可以放置其他容器和组件，编辑画面时，如果不放置容器组件，画布中只能放置一个组件，且位置大小不能改变。常用的容器组件有栅格容器、自由容器、卡片容器、弹性布局容器、盒子容器、引用容器、面板组容器、弹窗容器和标签切换容器。

（1）栅格容器

栅格容器用于布局使用，栅格容器的行高及格数可以通过右侧的属性配置进行设置，默认平均分成 12 列，每一列中可以放置其他的组件，栅格容器的基础属性配置如图 8-15 所示。

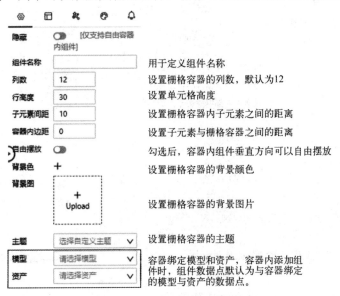

图 8-15　栅格容器的基础属性配置

115

（2）自由容器

自由容器内部组件可以自由拖拽和缩放，自由容器的基础属性配置如图 8-16 所示，除缩放单位与拖拽单位外，其余属性含义与栅格容器相同，图中仅对不同属性进行说明（以下均同）。

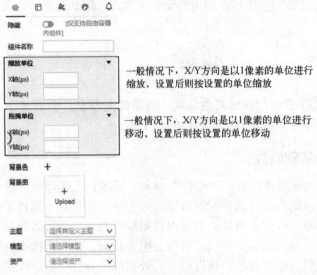

图 8-16　自由容器的基础属性配置

（3）卡片容器

卡片容器上方为标题，下方为放置组件的容器，卡片容器的基础属性配置如图 8-17 所示。

（4）弹性布局容器

弹性布局容器用于设定整体布局，可以设置内部组件对齐方式，弹性布局容器的基础属性配置如图 8-19 所示。

（5）盒子容器：该容器用于将组件铺满整个容器，因此该容器内只能放置一个组件。盒子容器的基础属性配置如图 8-18 所示。

图 8-17　卡片容器的基础属性配置

图 8-18　盒子容器的基础属性配置

（6）引用容器

引用容器可以将其他已存在的画面直接引用到当前编辑画面中，引用容器的基础属性配置如图 8-20 所示,"引用画面"处可选择已有画面。注意：A 画面引用了 B 画面,当 B 画面修改时,A 画面同步修改；而 A 画面修改则不影响 B 画面。

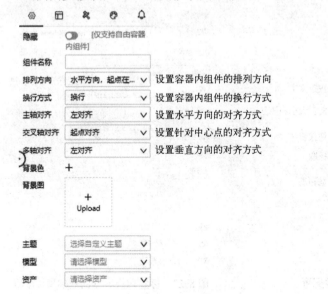

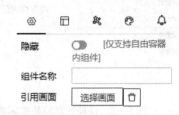

图 8-19 弹性布局容器的基础属性配置   图 8-20 引用容器的基础属性配置

（7）面板组容器

面板组容器可自定义面板数量,每个面板只能放置一个子组件,面板组容器的基础属性配置如图 8-21 所示。

图 8-21 面板组容器的基础属性配置

（8）弹窗容器

弹窗容器用于设计页面中的弹窗,单击可弹出窗口,窗口内容自定义,弹窗容器的基础属性配置如图 8-22 所示。

（9）标签切换容器

标签切换容器可设计多个切换标签,每个切换标签下可添加其他容器和组件,实现同一页面下不同内容的展示切换,标签切换容器的基础属性配置如图 8-23 所示。

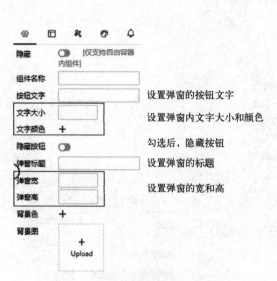

图 8-22　弹窗容器的基础属性配置

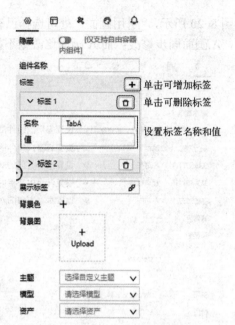

图 8-23　标签切换容器的基础属性配置

2. 设备组件

设备组件是用于展示和配置设备的组件，包括设备数据点、设备数据曲线、按钮、液位、资产属性、进度条、资产备注和状态组件。

（1）设备数据点

设备数据点用于设置设备中绑定的数据点，设备数据点的基础属性配置如图 8-24 所示。

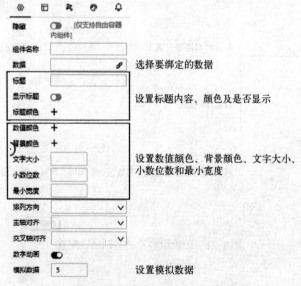

图 8-24　设备数据点的基础属性配置

（2）设备曲线

设备曲线用于显示实时设备曲线，设备曲线的基础属性配置如图 8-25 所示。

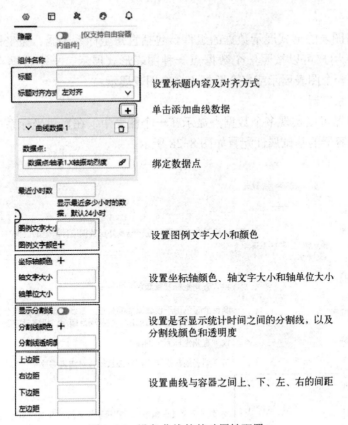

设置标题内容及对齐方式

单击添加曲线数据

绑定数据点

显示最近多少小时的数据，默认24小时

设置图例文字大小和颜色

设置坐标轴颜色、轴文字大小和轴单位大小

设置是否显示统计时间之间的分割线，以及分割线颜色和透明度

设置曲线与容器之间上、下、左、右的间距

图 8-25　设备曲线的基础属性配置

（3）按钮

按钮用于设置设备操作按钮，按钮的基础属性配置如图 8-26 所示，需要编辑"组件脚本"，以实现按钮功能。

（4）进度条

进度条是用于显示进度的组件，进度条的基础属性配置如图 8-27 所示。

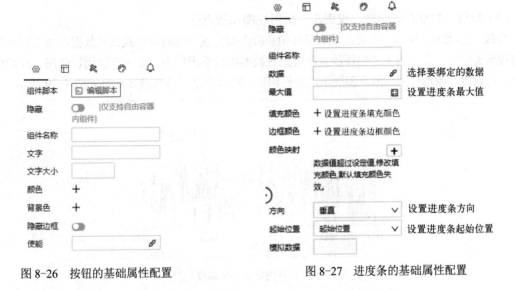

图 8-26　按钮的基础属性配置　　　　图 8-27　进度条的基础属性配置

3. 图表组件

图表组件是用图表的形式展示数据的组件，包括直角坐标系容器、极坐标容器、折线、柱状图、仪表盘等，用户可以按照一个数据点一种图表形式展示、一个数据点多种图表形式展示、多个数据点在一个图表展示或多个数据点多个图表展示。

（1）直角坐标系容器

直角坐标系容器可以实现多个数据点显示在一个图表中，在直角坐标系中的图表会被自动合并。直角坐标系容器的基础属性配置如图 8-28 所示。

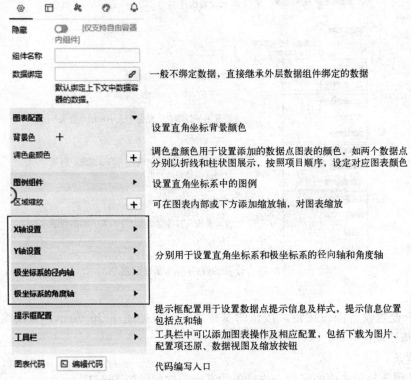

图 8-28　直角坐标系容器的基础属性配置

（2）折线、柱状图、饼图、仪表盘、象形柱图和散点图

折线、柱状图、饼图、仪表盘、象形柱图和散点图分别采用对应形式显示数据，对于已经选择好的数据类组件，直接将上述组件放置在绑定好数据的数据组件中，即可直接用折线图、柱状图、饼图、仪表盘、象形柱图或散点图展示出数据信息。折线图展示轴承温度示例如图 8-29 所示。

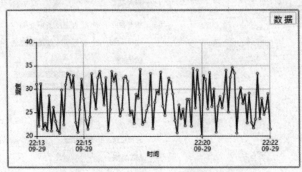

图 8-29　折线图展示轴承温度示例

4．数据组件

数据组件是为图表组件提供数据的组件，需要先添加数据再添加图表，图表可直接显示数据。包括历史数据和实时数据两种，可以根据图表需要统计数据的实际情况，选择相应的类型，再选定数据点即可。

（1）历史数据

"历史数据"组件用于显示限定时间内绑定数据点的数值信息，历史数据的基本属性配置如图 8-30 所示。

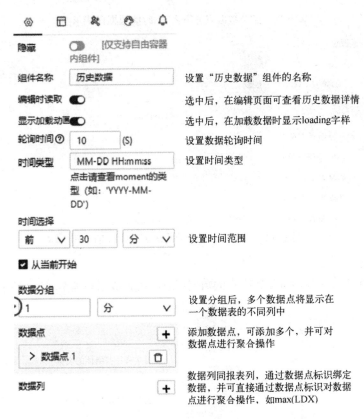

图 8-30　历史数据的基本属性配置

若用户在配置历史数据属性时，选中了"编辑时读取"，配置完成后"数据"按钮呈激活状态，单击"数据"按钮，可以查看数据详情。非激活状态"数据"按钮为灰色，不可单击。

当用户选择多个数据，且进行数据分组时，则所有数据为一个数据集，显示在一个表的不同列中，三个数据点分组为 3 时的数据详情示例如图 8-31 所示，图中框内为一个数据集的三列，列从左开始以 1 递增编号，起始编号为 0，三列编号分别为 0、1 和 2。数据列可用于绑定历史数据的 Y 轴对应项。

当用户选择多个数据点且未进行数据分组时，一个数据点即一个数据集，三个数据点不分组时的数据详情示例如图 8-32 所示，数据集编号可用于后续图表绑定数据。

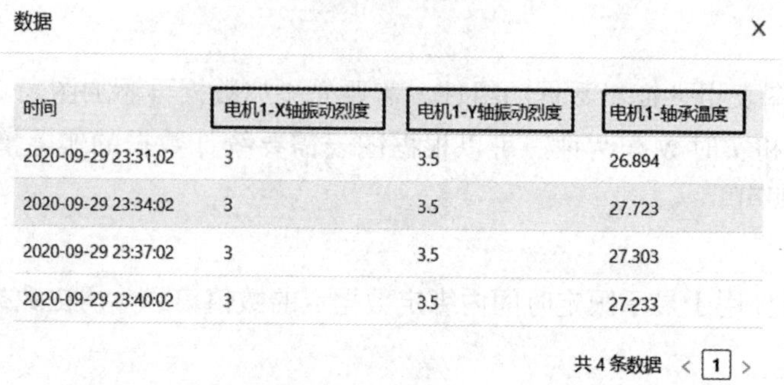

图 8-31　三个数据点分组为 3 时的数据详情示例

图 8-32　三个数据点不分组时的数据详情示例

（2）实时数据

"实时数据"用于实时显示绑定数据点的数据信息，实时数据的基本属性配置如图 8-33 所示。

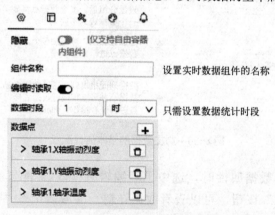

图 8-33　实时数据的基本属性配置

8.2.3　组件其他属性

组件除了基础属性，还有布局、动画、样式和事件属性。

1．布局属性

单击属性区域中"布局" ⊟ 图标，切换至布局属性设置，可设置组件的位置（X 轴、Y 轴的位置，输入位置数据即可，数据单位为 px）及组件大小（长、宽，单位为 px）。布局属性只在自由容器或弹性容器内生效。

2．动画属性

单击属性区域中"动画"  图标，切换至动画属性设置，可以设定组件的动画效果。

3．样式属性

单击属性区域中"样式" 图标，切换至样式属性设置，若基础属性中的样式及布局中的大小设定均不能满足用户对于组件样式的需求，那么就可以在样式中自己编写 CSS 代码实现组件样式。

4．事件属性

单击属性区域中"事件" 图标，切换至事件属性设置，事件属性配置如图 8-34 所示，事件包括单击、双击、悬停、移入、移出和定时，不同事件的配置方式相同，下面以"单击"事件为例说明。单击"+创建动作"按钮，添加动作 1，点开动作 1 的配置页，输入类型、名称等信息即可，其中动作类型包括跳转 URL、修改资产属性、修改组件属性、修改变量、执行指令等。

图 8-34　事件属性配置

（1）跳转 URL

动作类型为"跳转 URL"时，可以链接平台内 URL，也可以链接平台外 URL。在输入框中直接输入地址信息即可。系统会对地址格式进行校验，当用户输入的内容不符合链接地址的格式时，弹出错误提示，输入框高亮，修改正确后提示和高亮消失。画面预览时，单击组件即跳转到输入的 URL 地址。

（2）修改资产属性

动作类型为"修改资产属性"时，单击资产属性右侧的"添加" 图标，在资产属性面板中选择属性，输入属性值，如果勾选了"触发时修改"，则触发时修改资产属性，否则直接修改。画面预览时，选择的资产属性可修改。

（3）修改组件属性

动作类型为"修改组件属性"时，在"组件选择"下拉列表中选择要修改的组件（可以修改编辑区域内出现的任意组件的任意属性），单击属性修改右侧的"添加" 图标，选择修改的属性，输入属性值，即可完成组件属性修改。

（4）修改变量

动作类型为"修改变量"时，选择要修改的变量，输入变量值，画面预览时，变量被修改。

（5）执行指令

动作类型为"执行指令"时，选择指令和写入值，输入指令，如果勾选了"触发时修改"，则触发时执行指令，否则直接执行指令。

每个动作都可以设置延时时间，即通过设定延时时间可以限定事件发生多长时间后动作执行。当具备多个动作，未设定延时时间时，默认所有动作同时执行。

动作与动作之间可以设置依赖动作，如 A 动作触发后 B 动作触发、A 和 B 动作同时触发后 C 动作触发等，通过设定延时时间，可以设定动作之间的执行顺序。

8.3　组件扩展

AIRIOT 组态编辑器包含了大量常用组件，并支持组件扩展以及第三方画面的导入、导出和共享，此外，用户还可基于 AIRIOT 平台进行组件的自定义开发，组件开发详见后续第 9 章关于二次开发的相关内容。

8.4 前台母版实例

本节以前台母版为例，详细讲解组态画面设计。

8.4.1 画布设定

1. 创建画面

选择"画面管理"→"+添加画面"，创建一个普通画面，命名为"前台母版"，"前台母版"画面卡片如图 8-35 所示。

2. 画布设定

单击"编辑" ✏ 图标，打开画面编辑页面，设置画布宽度为 100%，高度为 auto，其他保持默认，画布设置如图 8-36 所示。

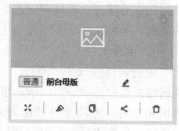

图 8-35 "前台母版"画面卡片

图 8-36 画布设置

8.4.2 添加容器和组件

1. 添加"前台母版"容器

添加一个一级容器"弹性布局容器"，修改组件名称为"前台母版"，其他保持默认，添加"前台母版"后的页面如图 8-37 所示。

图 8-37 添加"前台母版"后的页面

2. 添加"菜单"容器

（1）添加二级容器"弹性布局容器"

在"前台母版"内添加一个二级容器"弹性布局容器"。

（2）设置基础属性

设置组件名称为"菜单容器"，排列方向为水平方向，起点在左端，换行方式为"不换行"，主轴对齐为两端对齐，交叉轴对齐为中点对齐，多轴对齐为两端对齐，背景色为蓝色。

（3）修改布局属性

设置宽度为 100%，高度为 100px。

添加"菜单容器"后的页面如图 8-38 所示。

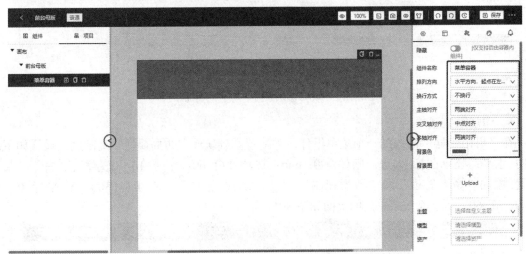

图 8-38　添加"菜单容器"后的页面

3．添加 Logo（标志）图片和系统名称

在"菜单容器"内添加一个三级容器"自由容器"，设置宽为 1300px，高为 60px，自由容器内添加图片组件，上传 Logo（标志），添加 Logo（标志）后的页面如图 8-39 所示。

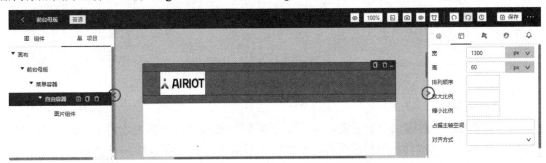

图 8-39　添加 Logo（标志）后的页面

4．添加系统名称

（1）添加"弹性布局容器"

在"自由容器"内添加一个弹性布局容器，并分别设置基础属性和布局属性。基础属性设置如下：组件名称-"系统名称"；排列方向-水平方向，起点在左端；换行方式-换行；主轴对齐-两端对齐；交叉轴对齐-中点对齐；多轴对齐-两端对齐。布局属性设置如下：X 坐标-180，Y 坐标-0，宽-110，高-60。

（2）添加文本组件

在"系统名称"内添加文本组件，并分别设置基础属性和布局属性。基础属性设置如下：文字内容-"AIRIOT 物联网平台开发框架"；文字对齐-左对齐；主轴对齐-两端对齐；交叉轴对齐-中点对齐；文字颜色-白色；文字大小-16。布局属性设置如下：宽-200px；高-60px。

添加系统名称后的页面如图 8-40 所示。

图 8-40　添加系统名称后的页面

5. 添加系统菜单

在"自由容器"内添加一个菜单组件，并配置基础属性和布局属性。基础属性设置如下：方向-水平；显示图标-勾选；整体宽度-auto；选项高度-60；字号-16；文字颜色-白色；菜单设置-添加"资产管理"和"数据视图"。布局属性设置如下：X 坐标-300，Y 坐标-0，宽-440，高-60。添加系统菜单后的页面如图 8-41 所示。

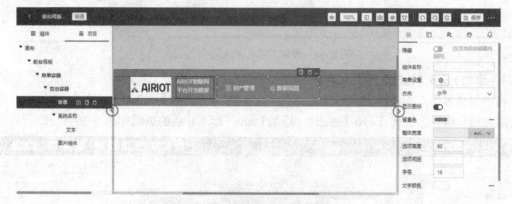

图 8-41　添加系统菜单后的页面

6. 添加用户组

在"菜单容器"内添加一个三级容器"栅格容器"，设置栅格容器列数为 1 列，宽为 250，高位 60，在栅格容器中添加用户组组件，添加用户组组件后的页面如图 8-42 所示。

图 8-42　添加用户组组件后的页面

7．添加前台页面

在"前台母版"内添加一个二级容器"前台页面"，添加前台页面后的页面如图 8-43 所示，此时前台页面在图上没有显示。

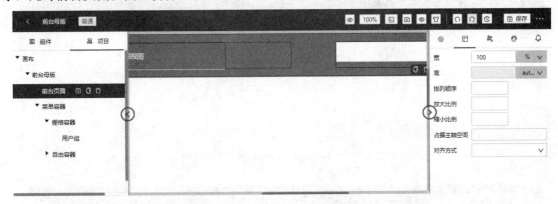

图 8-43　添加前台页面后的页面

8．添加页尾

（1）添加二级弹性容器

在"前台母版"内添加一个二级容器"弹性容器"，并分别设置基础属性和布局属性。基础属性设置如下：组件名称-"页尾"，排列方向-水平方向，起点在左端；换行方式-换行；主轴对齐-居中；交叉轴对齐-中点对齐；多轴对齐-两端对齐。布局属性设置如下：宽-100%；高-auto。

（2）添加文本

在页尾添加一个"文本"组件，并分别设置基础属性和布局属性。基础属性设置如下：文字内容-"XX 公司"；文字对齐-居中；主轴对齐-居中；交叉轴对齐-文字基线对齐；文字大小-16。布局属性设置如下：宽-100%；高-auto。添加页尾后的页面如图 8-44 所示。

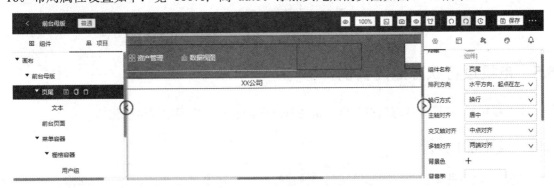

图 8-44　添加页尾后的页面

8.4.3　设置前台母版

选择"系统设置"→"前台母版"→"前台母版画面"→"保存"，完成前台母版设置。

用户登录前台，显示前台页面，如图 8-45 所示，单击"资产管理"，打开"资产管理"页面，如图8-46所示。

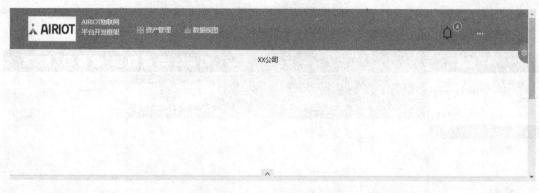

图 8-45 前台页面

图 8-46 "资产管理"页面

8.5 电机运行状态监控实例

本节以电机 1 运行状态监控为例，讲述资产画面设计，实现数据可视化。

8.5.1 设计需求分析

电机 1 具有两条指令，即起停控制和转速控制，具有 8 个数据点，分别为起停、转速、X 轴振动烈度、Y 轴振动烈度、轴承温度、A 相电压、B 相电压、C 相电压、A 相电流、B 相电流和 C 相电流。要求实现如下功能。

1）包含整体状态和历史数据两个页面。

2）整体状态页面显示电机 1 运行状态，包括起停状态、转速、各数据点实时状态及控制按钮。

3）历史数据页面可对电机各数据点历史信息进行可视化显示。

8.5.2　设计步骤

1．创建资产电机 1 画面

创建资产电机 1 画面步骤如下：选择"资产管理"→"查看资产"→"修改" ✐ 图标→"画面设置"→"创建画面"。创建画面后"修改资产"页面如图 8-47 所示。

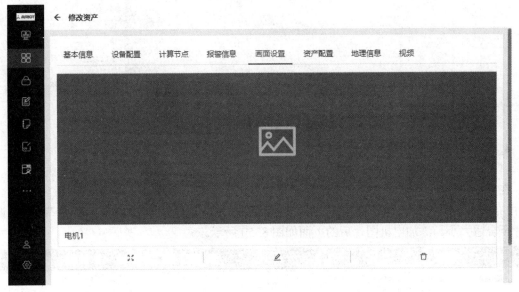

图 8-47　创建画面后"修改资产"页面

2．画布设置

单击"编辑画面" ✐ 图标，打开画面编辑页面，设置画布属性，宽度为 100%，高度为 auto，画布设置如图 8-48 所示。

图 8-48　画布设置

3．添加一级和二级容器

添加"弹性布局容器"作为一级容器，各参数保持默认。在"弹性布局容器""内添加二级容器"标签切换容器"，分别设置其基础属性和布局属性。基础属性中"标签 1"名称设置为"整体状态"，"标签 2"名称设置为"历史数据"。布局属性中宽和高均设置为 auto，其他保持默认。添加两级容器后的页面如图 8-49 所示。

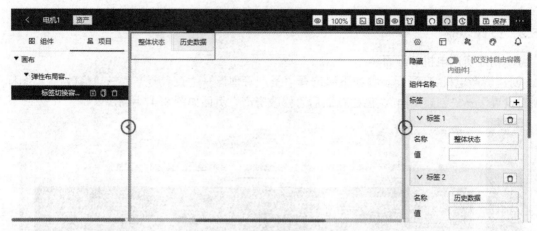

图 8-49　添加两级容器后的页面

4. 整体状态页面设计

（1）添加电机图片

在整体状态页面添加"自由容器"，设置背景色为灰色，宽和高分别为 100% 和 500px。在"自由布局容器"内添加"图片组件"，将提前准备好的电机图片加载至"图片组件"，缩放调整图片至合适大小。添加电机图片后的页面如图 8-50 所示。

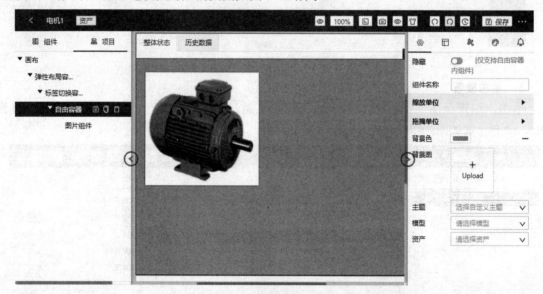

图 8-50　添加电机图片后的页面

（2）添加控制按钮

首先，添加"起停"控制按钮，在"自由容器"内添加"起停按钮"组件，并将其拖至电机图片下方。然后，配置事件属性，事件属性配置如图 8-51 所示。最后，配置基础属性，基础属性配置及配置后的页面如图 8-52 所示。

根据上述步骤，添加"设置转速"按钮，绑定转速控制指令，添加"设置转速"按钮后调整两个按钮的大小和位置，使画面整齐美观。添加"设置转速"按钮后的页面如图 8-53 所示。

注意：按钮绑定的指令为下拉列表，需提前在资产或模型中添加指令才能选择，这里的"起停"指令和"设置转速"指令均已在电机模型中添加。

图 8-51　事件属性配置

图 8-52　基础属性配置及配置后的页面

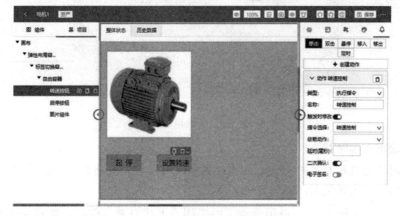

图 8-53　添加"设置转速"按钮后的页面

（3）添加起停状态和转速指示

1）添加起停状态指示：在"自由容器"内添加"状态"组件，调整大小及位置，并配置基础属性，起停状态属性配置如图 8-54 所示，为了画面直观，"状态配置 1"中图片为 gif 动图。

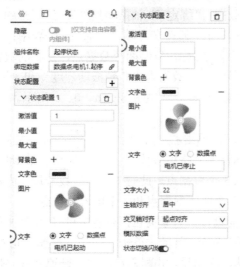

图 8-54　起停状态属性配置

2）添加转速指示：在"自由容器"内添加"状态"组件，基础属性中文字内容绑定"数据点：电机 1. 转速"。在"状态"组件右侧添加"文本"组件，文字内容为"RPM"，即转速单位（1 分钟的转数）。调整两个组件的大小及文字格式，使得画面美观。添加转速指示后页面如图 8-55 所示。

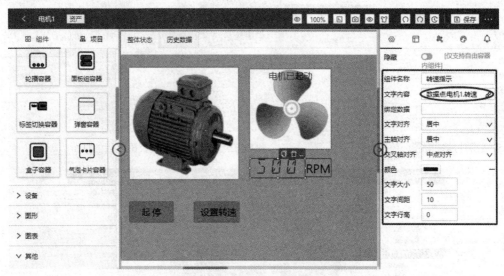

图 8-55　添加转速指示后页面

（4）添加数据点实时状态

数据点实时状态展示有多种方式，如实时数据、数据点、表格等，下面以"卡片容器+数据点"方式展示数据点实时状态，具体步骤如下。

1）添加"卡片容器"：在"自由容器"内添加"卡片容器"组件，配置基础属性如下：组件名称-"轴承参数卡片"；标题-"轴承参数"；是否有边框-勾选；边距-10；背景色-灰色。

2）添加"栅格容器"：在"轴承参数卡片"内添加栅格容器，配置基础属性如下：列数-3；行高度-60；子元素间距-10；容器内边距-10。

3）添加数据点：首先在"栅格容器"内添加 1 个"设备数据点"，用以展示 X 轴振动烈度，配置数据点属性如下：数据-"绑定 X 轴振动烈度"；显示标题-勾选；标题颜色-蓝色；文字大小-25；排列方向-水平方向，起点在左端；主轴对齐-居中；交叉轴对齐-终点对齐。然后，单击数据点上方"复制" 图标，复制两个数据点，复制的数据点自动填入栅格容器第 2 列和第 3 列，分别修改两个数据点的数据为"Y 轴振动烈度"和"轴承温度"。轴承参数卡片、栅格容器和设备数据点基础属性配置分别如图 8-56a、b、c 所示。添加轴承 3 个数据点后的页面如图 8-57 所示。

4）选中"轴承参数卡片"，单击右上方"复制" 图标，复制 1 个卡片容器，修改组件名称为"绕组参数卡片"，标题为"绕组参数"。选中"绕组参数卡片"内 1 个数据点，单击右上方"复制" 图标，复制 3 个数据点。此时"轴承参数卡片"内共有 2 行 3 列 6 个数据点，分别修改数据点数据，绑定 3 个电压数据点和 3 个电流数据点。

至此，完成整体状态页面设计，登录前台，查看电机 1 资产画面，自动选中整体状态，前台电机 1 整体状态页面如图 8-58 所示，单击"起停"按钮，可控制电机起动和停止，单击"设置转速"按钮可设置转速，画面显示电机起停状态、转速及各参数实时数据。

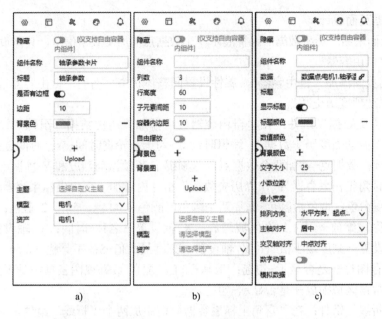

a)　　　　　　　　　　b)　　　　　　　　　　c)

图 8-56　轴承参数卡片、栅格容器和设备数据点基础属性配置

a) 轴承参数卡片　b) 栅格容器　c) 设备数据点

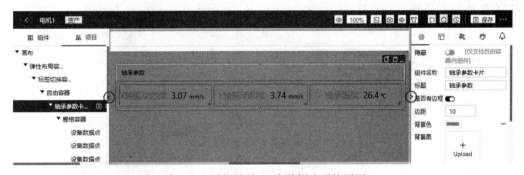

图 8-57　添加轴承 3 个数据点后的页面

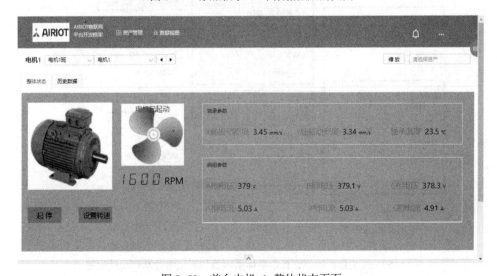

图 8-58　前台电机 1 整体状态页面

133

5. 历史数据页面设计

历史数据页面采用"历史数据"组件展示 9 个数据点的历史数据信息,具体设计步骤如下。

(1) 添加"自由容器"

在历史数据页面添加"自由容器",属性设置同整体状态页面的"自由容器"。

(2) 添加振动烈度历史数据

1) 添加"历史数据"组件:在"自由容器"内添加"历史数据"组件,设置基础属性如下:组件名称-"振动烈度历史数据";编辑时读取-勾选;轮询时间-5s;时间选择-前 10 分;从当前开始-勾选;数据点-添加两个数据点,分别绑定 X 轴振动烈度和 Y 轴振动烈度。

2) 添加"直角坐标系容器":在"历史数据"组件内添加"直角坐标系容器",设置基础属性如下:背景色-白色;调色盘颜色-添加两个颜色,颜色 1 红色,颜色 2 蓝色;图例组件→是否显示-勾选;区域缩放-添加 1 个区域缩放;X 轴设置→名称-时间;Y 轴设置→名称-烈度(mm/s),Y 轴设置→刻度最小值-1,Y 轴设置→刻度最大值-8;工具栏→icon 大小-16,工具栏/工具配置/保存图片→是否显示-勾选;工具栏/工具配置/数据视图工具→是否显示-勾选;工具栏/工具配置/数据区域缩放→是否显示-勾选。

3) 添加"折线"组件:在"直角坐标系容器"内添加两个"折线"组件,分别配置基础属性中折线配置的名字、坐标集编号和标记图形,名字分别为 X 轴振动烈度和 Y 轴振动烈度,对应的坐标集编号分别为 0 和 1,对应的标记图形分别为圆形和方形。历史数据组件、直角坐标系容器和折线组件基础属性配置分别如图 8-59a、b、c 所示。

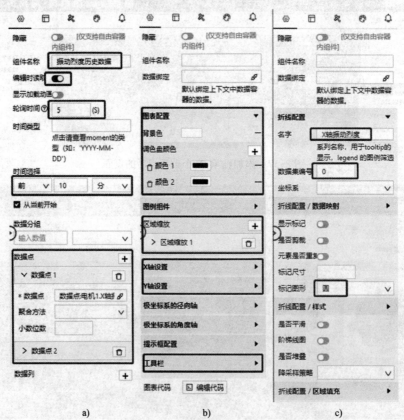

a)   b)   c)

图 8-59 历史数据组件、直角坐标系容器和折线组件基础属性配置

a) 历史数据组件 b) 直角坐标系容器 c) 折线组件

4）添加标题：在"自由容器"内添加"文本"组件，设置基础属性如下：文字内容-"X轴和 Y 轴振动烈度历史数据"；文字对齐-左对齐；主轴对齐-居中；交叉轴对齐-中点对齐；文字大小-22。调整"文本"组件大小，美化画面。添加振动烈度历史数据后的页面如图 8-60 所示。

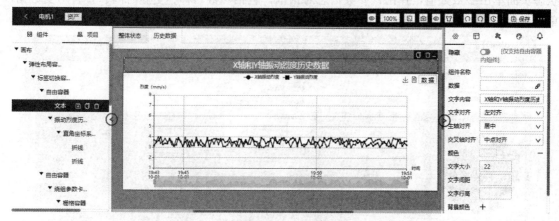

图 8-60　添加振动烈度历史数据后的页面

（3）添加轴承温度、三相电压和三相电流历史数据

轴承温度、三相电压和三相电流历史数据添加方法同振动烈度历史数据添加方法，需要注意的是轴承温度单独显示在一个"历史数据"组件中，三相电压 3 个数据点共同显示在一个"历史数据"组件中，三相电流 3 个数据点共同显示在一个"历史数据"组件中，根据数据实际情况设置对应项。

添加完所有历史数据后，登录前台，查看电机 1 资产画面，单击"历史数据"标签，切换至历史数据页面，前台电机 1 历史数据页面如图 8-61 所示，至此完成电机运行状态监控画面设计。

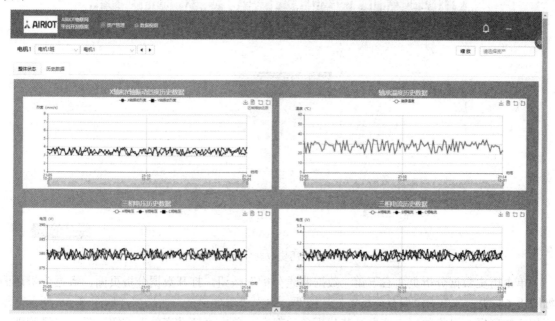

图 8-61　前台电机 1 历史数据页面

8.5.3 数据可视化分析

电机运行状态监控画面支持数据可视化分析，数据可视化分析步骤如图 8-62 所示，在整体状态页面单击参数数值，弹出该参数信息对话框，包括参数名称、更新时间和查看历史数据，单击"查看历史数据"按钮，弹出历史数据页面，历史数据分析页面如图 8-63 所示。

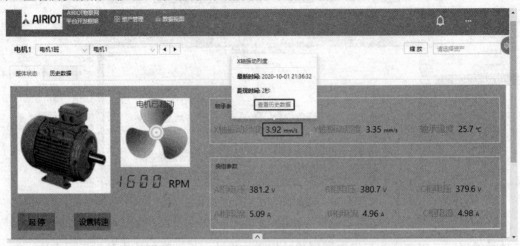

图 8-62　数据可视化分析步骤

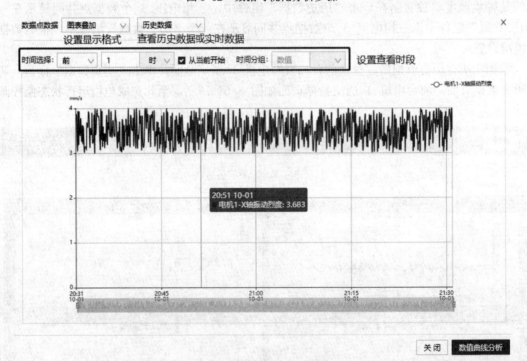

图 8-63　历史数据分析页面

单击历史数据分析页面右下角"数据曲线分析"按钮，打开数据分析页面，数据分析页面如图 8-64 所示。单击"保存分析条件"按钮，弹出"添加记录"对话框，如图 8-65 所示，填写相应信息后，可将数据点信息及其分析条件保存。单击"记录查看"按钮，弹出记录管理，单击相应记录，可查看记录。

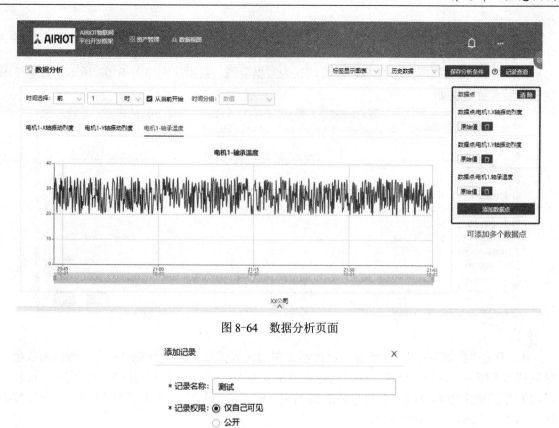

图 8-64 数据分析页面

添加记录

* 记录名称: 测试

* 记录权限: ⦿ 仅自己可见
    ○ 公开
    ○ 按部门
    ○ 指定用户

确认 取消

图 8-65 "添加记录"对话框

单击"历史数据"标签,切换至历史数据页面,可对页面中数据曲线进行分析,以 X 轴和 Y 轴振动烈度历史数据为例,X 轴和 Y 轴振动烈度历史数据曲线如图 8-66 所示,该画面可执行的操作如下。

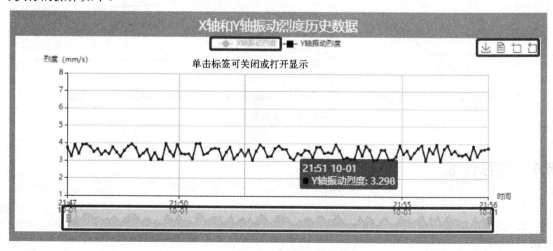

图 8-66 X 轴和 Y 轴振动烈度历史数据

1）单击标签可关闭或打开显示，关闭状态为灰色，坐标系中不显示相应曲线。

2）单击"保存为图片" ⬇ 图标，可下载保存图片。

3）单击"数据视图" 📄 图标，画面切换为数据视图，数据视图如图 8-67 所示，数据视图以文本形式显示数据。

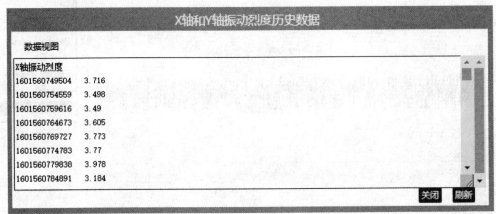

图 8-67　数据视图

4）单击"区域缩放" ⬚ 图标，可激活或关闭区域缩放，默认为关闭状态，图标为灰色，激活状态下图标为蓝色，此时光标在坐标系中显示为"＋"字状，长按鼠标左键，拖出矩形框，可将数据缩放至矩形框内，缩放后画面如图 8-68 所示。此时"区域缩放还原" ⬚ 图标被激活，单击可还原至上一步缩放画面。

此外，拖动坐标系下方缩放轴，可以缩放时间轴，区域缩放能够实现数据宏观和微观观察，便于掌握设备运行状态。

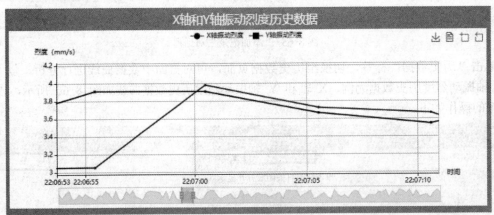

图 8-68　缩放后画面

8.6　实践作业

1. 创建电机模型画面。

2. 创建电机 2～电机 8 资产画面，引用电机模型画面，实现电机 2～电机 8 数据可视化分析。

第9章 基于 AIRIOT 的二次开发

AIRIOT 基于微服务设计，每个功能模块均可以独立开发、部署与运行。本章主要介绍用户如何基于 AIRIOT 进行功能、组件等开发部署运行。二次开发分为前端和后端的二次开发，前端二次开发主要用于组件的开发和发布，后端二次开发主要用于接口、任务、驱动等应用的开发与发布。AIRIOT 为二次开发提供了 Java、Node.js、Go、Python 等 SDK 以及丰富的 API，并且原则上不受语言环境限制，开发人员可选择一种熟悉的编程语言进行开发。

9.1 前端开发

前端主流的 UI 框架有 React 和 Vue。React 是一个用于构建用户界面的 JavaScript 库，其核心思想就是组件化。AIRIOT 前端组件开发采用 React 框架，开发人员需具备 React 基础。

9.1.1 开发环境搭建

AIRIOT 平台开发工具包将前端开发环境搭建过程中可能涉及的 npm、webpack、babel 等已经处理准备好，开发人员通过创建项目、安装平台依赖包以及运行平台等即可完成 AIRIOT 前端开发环境搭建。

1. 开发环境搭建准备

（1）运行环境准备

Node.js 是一个开源与跨平台的 JavaScript 运行环境，是一个几乎可用于任何项目的流行工具。本书采用 Node.js 的 Win10 64 位系统版本安装包，开发人员可根据自己实际情况选择相应版本。

（2）前端开发工具准备

用于前端开发的工具有很多，如 Visual Studio Code、WebStorm、Aptana Studio、SublimeText、Vim 等，开发人员可根据自身情况选择熟悉的开发工具。本书采用 Visual Studio Code（简称 VS Code）作为前端开发工具，该工具开源、易用，并且支持自定义设置，集成了 git，支持多种文件格式，具有强大的调试功能。

2. 创建项目

（1）创建文件夹并用 VS Code 打开

创建项目前应首先创建项目文件夹，项目文件夹路径最好不要包含中文。用 VS Code 打开创建的文件夹，如图 9-1 所示，上方为菜单栏，左侧分别为工具栏和文件目录，下方为 TERMINAL，默认没有打开 TERMINAL。单击菜单栏的 "Terminal" → "New Terminal" 可以打开。

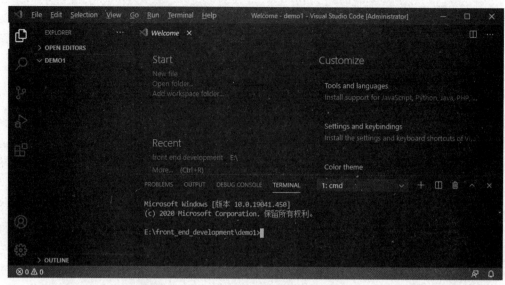

图 9-1　VS Code 打开文件夹

（2）初始化项目

TERMINAL 中输入命令"npm init"来初始化创建项目，按〈Enter〉键，弹出初始化配置选项，暂时不做任何配置，直接按〈Enter〉键，直到完成项目初始化，项目目录中出现"package.json"文件，该文件是 js 项目的描述文件，后续依据开发需要可对其中的一些配置进行修改。如图 9-2 所示。

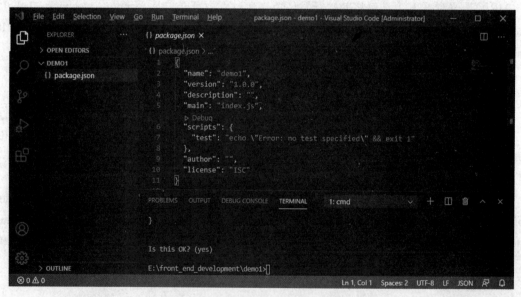

图 9-2　初始化项目步骤

（3）安装平台依赖包

为降低开发难度，AIRIOT 提供了完整的平台依赖包，默认情况下平台的依赖包都可以从网上获取，无须本地安装。平台依赖包见表 9-1，只需要安装工具包@gtiot/iot-devtool 以及开发包 react、xadmin 和 antd 即可，其他包会根据需要自动加载。@gtiot/iot-client 和@gtiot/iot-dashboard 会默认加载，@gtiot/iot-dll 需要通过在 package.json 中手动指定 iotDependencies 来按需加载。在 TERMINAL 中依次输入依赖包安装命令安装，安装依赖包后 VS Code 界面如图 9-3 所示，目录栏多出 node_modules 文件夹（包含所有平台包），同时"package.json"代码被更新。

表 9-1　平台依赖包

包名	描述	安装命令
@gtiot/iot-devtool	脚手架包，用于安装配置前端开发所需的依赖环境	npm i -D @gtiot/iot-devtool
react、antd 和 xadmin	基础依赖包	npm i -S react xadmin antd
@gtiot/iot-dll	第三方依赖包打包文件（非必须）	npm i -D @gtiot/iot-dll
@gtiot/iot-client	前端基础包，安装后就能运行不带有任何功能模块的裸平台（非必须）	
@gtiot/iot-dashboard	组态画面模块包，开发组件必须安装（非必须）	

图 9-3　安装依赖包后 VS Code 界面

（4）创建 index.js

index.js 文件包含了要实现的功能。由于项目默认入口文件为 src/index.js，因此，先创建 src 文件夹，再在 src 文件夹下创建该文件，创建 src 和 index.js 后的目录结构如图 9-4 所示。

图 9-4　创建 src 和 index.js 后的目录结构

（5）编写 index.js

本节内容中 index.js 的功能主要实现扩展模块注册。index.js 代码如下，其中 name 为注册模块的名称。

```
import React from 'react';
import { app } from 'xadmin';
app.use({
    name: 'iot.test',
})
```

（6）修改 package.json

修改 package.json 文件，为注册的扩展模块添加启动、创建、上传及测试等属性，在 scripts 属性中添加代码如下。

```
"scripts": {
    "start": "iot-scripts start",
    "build": "iot-scripts build",
    "upload": "iot-scripts upload",
    "test": "iot-scripts test"
},
```

（7）运行平台

在 TERMINAL 中输入命令运行平台，运行平台命令如图 9-5 所示。首先设置环境变量，命令为"set IOT_URL=http://平台地址:端口号"，这里的平台地址是用户安装的平台地址，例如 http://192.168.1.103:3030，命令为"npm start"，启动成功后返回成功提示，访问地址为"http://localhost:3000"。

图 9-5　运行平台命令

打开浏览器，在地址栏输入"localhost:3000"打开系统登录页面，如图 9-6 所示，设置用户名和密码后，单击"登录"按钮，进入 AIRIOT 后台系统，表明开发环境搭建成功。

图 9-6 系统登录页面

9.1.2 组件开发

1. 组件作为新页面运行

开发环境搭建好后即可进行二次开发。本节制作一个简单的测试组件（TestComponent），该组件可作为新页面运行，页面显示"hello world"。该组件的实现仅需修改 index.js 代码，修改后 index.js 代码如下。该程序输出了一个对象，这个对象就是一个扩展模块。该模块中有若干可以配置的属性，如 name、routers 等，后续会专门介绍所有的扩展属性。

```
import React from 'react';
import { app } from 'xadmin';

const TestComponent = () => {
    return <a>hello world</a>
}

app.use({
  name: 'iot.test',
  routers: {
    '/app/': {
      path: 'myTest',
      breadcrumbName: '我的测试组件页',
      component: TestComponent
    },
  }
})
```

把地址栏端口号后面加上"/#/app/MyTest"，打开测试组件页面，如图 9-7 所示，可以看到该组件已作为单独页面运行。

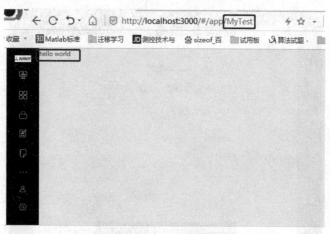

图 9-7　测试组件页面

2. 开发画面组件

画面编辑器是平台的核心功能之一，编辑器中的组件叫作 widget，widget 也是一个 React 组件。下面将一个 React 组件注册为一个新的 widget。通过 app.use 添加 dashboard_widgets 属性并进行扩展，修改后的 index.js 代码如下所示。

```
import React from 'react';
import { app } from 'xadmin';

const TestComponent = () => {
    return <a>hello world</a>
}

const TestButton = props => {
    const { text, fontSize=14 } = props
    return <button style={{ fontSize }}>{text || 'Hello'}</button>
}

// paramSchema 定义了 widget 可配置的属性格式，根据 json Schema 格式编写
const paramSchema = {
    type: 'object',
    properties: {
        text: {
            title: '文字',
            type: 'string'
        },
        fontSize: {
            title: '文字大小',
            type: 'number'
        }
    }
}

// 一个完整 widget 的配置
const TestWidget = {
    title: '测试按钮',      // 标题
    category: '组件',       // 类别，不同类别的 widget，在 widget 列表中会显示在不同的分组中
```

```
    //icon: require('../../icons/按钮.svg'),        // widget 的图标，可不写
    component: TestButton,                        // widget 的 React Component
    initLayout: { width: 40, height: 20 },        // widget 放在画面中的初始化大小
    paramSchema                                   // widget 的可配置属性
}

app.use({
    name: 'iot.test',
    routers: {
        '/app/': {
            path: 'myTest',
            breadcrumbName: '我的测试组件页',
            component: TestComponent
        },
    },
    dashboard_widgets: {
        'test.widget': TestWidget        // 定义一个唯一的 key，注册 widget，如果 key 重复提交到同一个
                                         // 服务会出现覆盖现象
    }
})
```

　　该程序创建了一个名为"测试按钮"的组件，放在"组件"目录下，创建一个画面，并添加测试按钮进行测试，"测试按钮"测试结果如图 9-8 所示，该测试组件基础属性包括组件名称、文字和文字大小。除此之外，还可以通过程序添加其他属性，见表9-2。

图 9-8　"测试按钮"测试结果

表 9-2　其他属性

属性	说明	类型	默认值
title	小组件的标题	string	—
category	小组件分类，在组件列表中每种分类会按组显示	string	
icon	小组件在编辑器内的图标	string	
component	React 组件	object	
initLayout	小组件初始化宽度、高度，该属性修改后下次添加组件时生效，已添加的组件不会受影响	object	{width:50px,height:50px }
paramSchema	可通过该属性拓展组件配置属性，该属性会根据自定义的 schema 在属性配置中自动生成表单，表单值会通过 props 传入 component	object	

9.1.3 组件发布

9.1.2 中完成了组件开发，但尚未发布，只能在开发环境页面（localhost）看到该组件，在实际运行的 AIRIOT 系统中是没有该组件的，需将组件发布至实际运行的 AIRIOT 系统中，组件发布方法如下。

（1）退出开发环境

退出开发环境操作如图 9-9 所示，在 TERMINAL 中按键盘组合键〈Ctrl+C〉，弹出"终止批处理操作吗（Y/N）"，输入 Y，退出开发环境。

图 9-9　退出开发环境操作

（2）修改 package.json 代码

修改 package.json 代码如图 9-10 所示，设置编译和上传文件。

图 9-10　修改 package.json 代码

（3）编译组件

编译组件操作如图 9-11 所示，在 TERMINAL 输入编译命令"npm run-script build"，TERMINAL 输出编译成功提示。

图 9-11　编译组件操作

（4）发布组件

发布组件操作如图 9-12 所示，在 TERMINAL 输入编译命令"npm run-script upload"，输入平台用户名和密码后，按〈Enter〉键，TERMINAL 弹出上传成功提示。刷新 AIRIOT 系统页面，在画面组件中出现"测试按钮"，AIRIOT 系统中测试组件如图 9-13 所示。

图 9-12　发布组件操作

上述组件开发其实就是写一个 app 对象，通过在 app 对象中定义不同的属性实现模块的扩展功能，一个完整的 app 可以用到很多可扩展的属性，如页面扩展，可以扩展页面菜单、页面页头等，开发人员可自行进行研究实践。

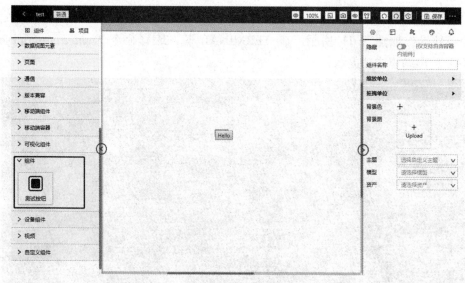

图 9-13　AIRIOT 系统中测试组件

9.1.4　平台 API

AIRIOT 前端底层框架 xadmin，也是平台的核心框架，AIRIOT 平台的扩展功能都是通过 xadmin 来实现的，其设计思想是通过最简单的办法实现现在流行的微前端架构，搭建一个可插拔式的模块管理框架，模块与模块之间实现数据共享、逻辑复用、组件共享以及逻辑重写、组件重写等。同时 xadmin 也实现了一些常用的扩展模块，包含表单和 CRUD 等模块，并且提供了一些实用的 API，方便前端应用开发。xadmin 具体使用方法可参考官方文档，这里仅对常用的方法进行介绍。

API 接口为 api(options)，options 参数是包含组件选项的对象，格式见表 9-3。

表 9-3　options 参数

属性	说明	类型	默认值
name	api 的请求地址	string	—
resource	同 name，两者必填一项	string	—

API 常用方法主要有 fetch、query、get、save 和 delete。

1．fetch

fetch 方法调用如下所示，fetch 参数见表 9-4。

```
import { api } from 'xadmin'

api({name: 'core/model'})
  .fetch(url = '',options={})
    .then(json => console.log(json))
  .catch(console.error)
```

表 9-4　fetch 参数

参数	说明	类型	默认值
url	请求地址	string	—
options	参考表 9-3	object	—

2．query

query 方法调用如下所示，query 参数见表 9-5。

```
api({name: 'core/model'})
  .query(filter, wheres, withCount = true)
    .then(json => console.log(json))
  .catch(console.error)
```

表 9-5　query 参数

参数		说明	类型	默认值
filter	skip	跳过页数	number	0
	limit	查询条数	number	15
	fields	返回字段，默认返回 id 和 name	array	[]
wheres		字段过滤	object	—
withCount		是否返回查询数据条数	boolean	false

3．get

get 方法调用如下所示，get 只有 1 个参数 "id"。

```
api({name: 'core/model'})
  .get(id)
    .then(json => console.log(json))
  .catch(console.error)
```

4．save

save 方法调用如下所示，save 参数见表 9-6。

```
api({name: 'core/model'})
  .save(data,partial)
    .then(json => console.log(json))
  .catch(console.error)
```

表 9-6　save 参数

参数	说明	类型	默认值
data	保存的数据	object	—
partial	修改数据时使用 PUT 或者 PATCH 方法，默认使用 PATCH 方法	boolean	false

5．delete

delete 方法调用如下所示，delete 只有 1 个参数 "id"。

```
api({name: 'core/model'})
  .delete(id)
    .then(json => console.log(json))
  .catch(console.error)
```

9.2　后端开发

后端开发主要包括接口服务开发、任务（计算）服务开发和驱动程序开发，其中接口服务开发主要是用于 AIRIOT 平台和第三方系统数据交互共享，任务（计算）服务开发主要为 AIRIOT 平台应用功能实现，驱动程序开发主要用于传感器设备、PLC、DCS 等数据源接入。

9.2.1　开发环境搭建

接口服务、任务（计算）服务和驱动程序开发前均需先搭建开发环境，9.1 节中前端已安装好 NodeJS 和 Visual Studio Code，后端开发只需安装相应的 Node SDK 即可，安装命令为"npm i -D @gtiot/sdk-nodejs"。在安装 Node SDK 前需先创建项目，创建方法同前端开发。以接口服务开发为例，这里创建一个文件夹"interface"，并用 VS Code 打开，然后输入命令"npm i -D @gtiot/sdk-nodejs"安装 Node SDK，最后输入命令"npm init"创建项目。接口服务开发环境示例如图 9-14 所示。依次展开 node_modules 目录和@gtiot\sdk-nodejs 目录，可以看到 example 目录，example 目录下为后端开发例程，包括驱动开发、接口服务开发和任务（计算）服务开发，读者可参考例程开发相应服务。

图 9-14　接口服务开发环境示例

此外需安装一个简单的打包工具 ncc，可以把一个 node 项目打包成单个的 js 文件，安装命令为"npm i -g @zeit/ncc"。

9.2.2　接口服务开发

1. 示例代码

在 interface 目录下创建 src 目录，并将 example/service 目录下 main.js 文件和 Dockerfile 文件复制至 src 目录下，打开 main.js，修改导包目录，修改后代码如下所示。首先导入程序包，然后新建类 TestService，并继承 Service 类，包含 init、start、stop 等函数，任务的启动、停止通过此类完成，最后实例化并开始运行任务。

```
/*
 * @Description: 测试接口服务
 * @version:
 * @Author: zhangsan
 * @Description: 测试接口服务
 * @version:
```

```
 * @Author: zhangsan
 * @Date: 2020-08-04 10:12:02
 */
// 导入程序包
const { App, Service } = require('../node_modules/@gtiot/sdk-nodejs/service')
const log = require('../node_modules/@gtiot/sdk-nodejs/log')('debug')

// 继承 Service 类
class TestService extends Service {
  /**
   * @name: init
   * @msg: 初始化
   * @param {type}
   * @return:
   */
  init() {
    log.info('初始化')
  }

  /**
   * @name: start
   * @msg: 启动处理
   * @param {type}
   * @return {type}
   */
  start(app) {
    log.info('启动')
    app.http.get('/', (req, res) => res.send('Hello World!'))
  }

  /**
   * @name: stop
   * @msg: 停止处理
   * @param {type}
   * @return {type}
   */
  stop(app) {
    log.info('停止')
  }
}
// 实例化并开始运行
new App().start(new TestService())
```

2．本地运行

进入 src 目录，输入命令“node main.js”，在本地运行 main.js 脚本，执行结果如图 9-15 所示，打开浏览器，在地址栏输入本地地址和端口“127.0.0.1:8080/”，打开接口服务页面，如图 9-16 所示，显示“Hello World！”，即通过程序第 33 行“app.http.get('/', (req, res) => res.send('Hello World!'))”实现。用户可根据实际需求，开发相应接口服务。

151

图 9-15 执行结果

图 9-16 接口服务页面

3. 应用发布

（1）打包文件

按键盘组合键〈Ctrl+C〉结束脚本，输入打包指令"ncc build main.js"将 main.js 打包，打包后文件目录如图 9-17 所示，打包后 src 目录下出现 dist 目录，该目录中 index.js 即 main.js 打包后的文件。

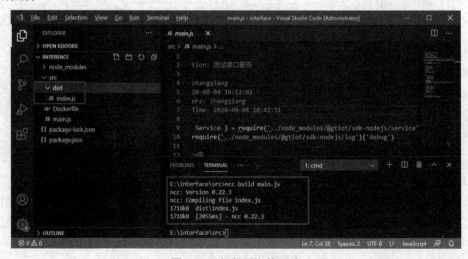

图 9-17 打包后文件目录

（2）修改 Dockerfile

打开 Dockerfile 文件，修改复制的文件名，修改 Dickerfile 如图 9-18 所示。

（3）后台编译文件

1）文件复制：将上述 index.js 和 Dockerfile 文件复制至系统后台任意目录下。

2）编译镜像：输入编译命令"docker build -t demointerface:v0.0.0."编译文件，其中"demointerface:v0.0.0"为接口服务名和版本，其后的'.'表示编译至当前目录，编译镜像结果如图 9-19 所示。

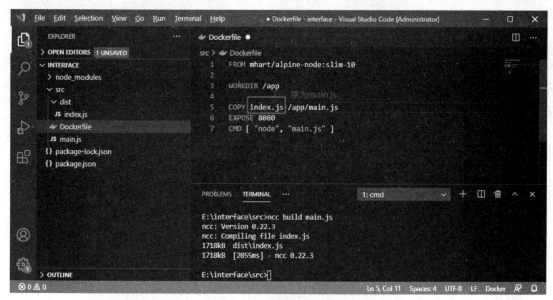

图 9-18　修改 Dockerfile

图 9-19　编译镜像结果

3）保存镜像：输入保存命令"docker save -o demointerface.tar demointerface:v0.0.0"，保存镜像，其中"demointerface.tar"为保存镜像名，"demointerface:v0.0.0"为接口服务名和版本，应与第 2）步一致。保存镜像结果如图 9-20 所示，当前目录下出现 demointerface.tar 镜像文件。

153

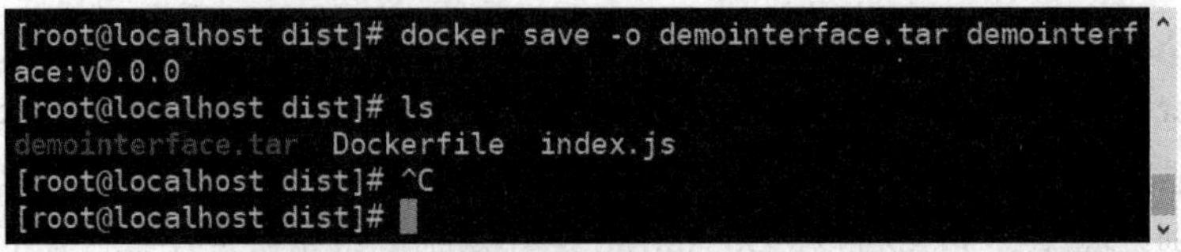

```
[root@localhost dist]# docker save -o demointerface.tar demointerf
ace:v0.0.0
[root@localhost dist]# ls
demointerface.tar  Dockerfile  index.js
[root@localhost dist]# ^C
[root@localhost dist]#
```

图 9-20　保存镜像结果

（4）服务部署：将 demointerface.tar 镜像文件复制至本地，进入 AIRIOT 后台，通过"服务管理"→"添加服务"将开发的接口服务部署至平台，添加服务如图 9-21 所示，信息完成后并上传镜像后，单击"保存"按钮。查看服务日志如图 9-22 所示，表明服务已启动。

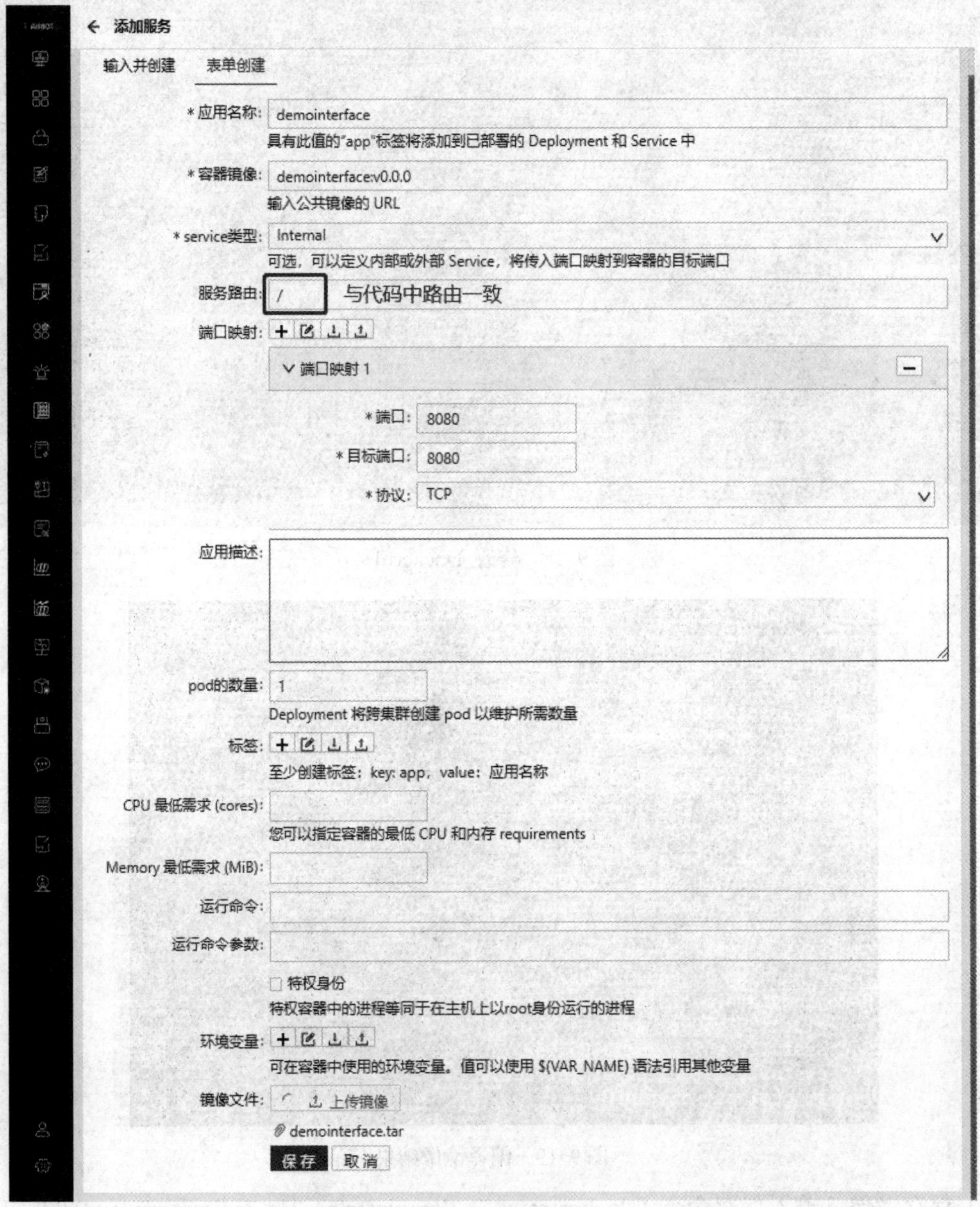

图 9-21　添加服务

{"message":"初始化","level":"info","timestamp":"2020-10-10T04:38:26.297Z"}
{"message":"启动","level":"info","timestamp":"2020-10-10T04:38:26.299Z"}
{"message":"app listening on port 8080!","level":"info","timestamp":"2020-10-10T04:38:26.310Z"}

图 9-22 服务日志

至此，完成一个简单的接口服务开发和部署。

9.2.3 任务（计算）服务开发

1．示例代码

新建 task 目录，并搭建开发环境，在 task 目录下创建 src 目录，并将 example/task 目录下 main.js 文件和 Dockerfile 文件复制至 src 目录下，打开 main.js，修改导包目录，修改后代码如下所示。首先导入程序包，然后新建类 TestTask，并继承 Task 类，包含 init、start、stop 等函数，任务的启动、停止通过此类完成，最后实例化并开始运行任务。

```
/*
 * @Description: 任务服务类测试
 * @version:
 * @Author: zhangsan
 * @Date: 2020-08-04 10:12:09
 */

const { App, Task } = require('../node_modules/@gtiot/sdk-nodejs/task')
const log = require('../node_modules/@gtiot/sdk-nodejs/log')('debug')

// 继承 Task 类
class TestTask extends Task {

  /**
   * @name: init
   * @msg: 初始化
   * @param {type}
   * @return:
   */
  init() {
    log.info('初始化')
  }

  /**
   * @name: start
   * @msg: 启动处理
   * @param {type}
   * @return {type}
   */
  start(app) {
```

```
        log.info('启动')
        app.schedule.scheduleJob('* * * * * *', () => {
            log.debug(`测试`)
        })
    }

    /**
     * @name: stop
     * @msg: 停止处理
     * @param {type}
     * @return {type}
     */
    stop(app) {
        log.info('停止')
    }
}

// 实例化并开始运行
new App().start(new TestTask())
```

2. 应用发布

任务（计算）服务为运行与后台的程序，前端无法直接显示任务（计算）服务效果。

任务（计算）服务发布方法与接口服务发布方法类似，即打包文件→修改 Dockerfile→后台编译文件→服务部署。需要注意的是进行服务部署时，service 类型选择 None，不对外暴露端口。部署完成后，打开相应服务日志，如图 9-23 所示，表明服务已部署并启动。

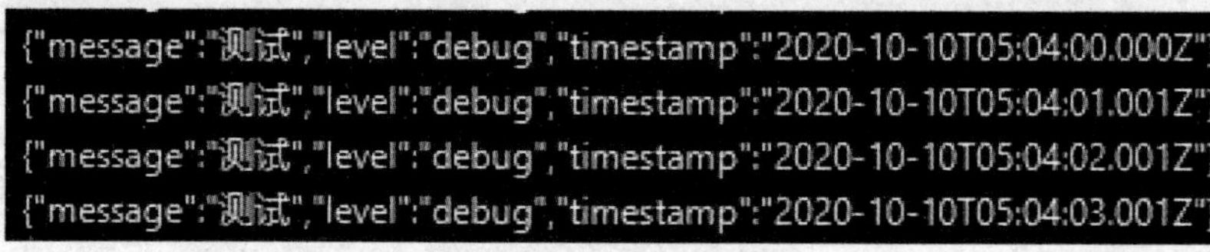

```
{"message":"测试","level":"debug","timestamp":"2020-10-10T05:04:00.000Z"}
{"message":"测试","level":"debug","timestamp":"2020-10-10T05:04:01.001Z"}
{"message":"测试","level":"debug","timestamp":"2020-10-10T05:04:02.001Z"}
{"message":"测试","level":"debug","timestamp":"2020-10-10T05:04:03.001Z"}
```

图 9-23　服务日志

9.2.4　驱动开发

1. 示例代码

新建 driver 目录，并搭建开发环境，在 driver 目录下创建 src 目录，并将 example/driver 目录下 config 文件夹、main.js 文件和 Dockerfile 文件复制至 src 目录下，打开 main.js，修改导包目录及 schema，修改后代码如下所示。首先导入程序包，然后新建类 TestDriver，并继承 Driver 类，包含 init、start、stop 等函数，任务的启动、停止通过此类完成，最后实例化并开始运行任务。

```
/*
 * @Description:
 * @version:
 * @Author: Zhangsan
```

```
 * @Date: 2020-07-28 11:29:11
 */
const caller = require('../node_modules/async/eachOf')
let schedule = require('node-schedule');
const cfg = require('./config')
const { App, Driver } = require('../node_modules/@gtiot/sdk-nodejs/driver')

/**
 * @name: TestDriver
 * @msg: 测试驱动
 * @param {type}
 * @return:
 */
class TestDriver extends Driver {
  /**
   * @name: init
   * @msg: 初始化，例如初始化连接
   * @param {type}
   * @return:
   */
  init() {
    console.log('init')
  }

  /**
   * @name: schema
   * @msg: 查询并以 json.schema 格式显示页面驱动配置信息
   * @return: 驱动配置  schema
   */
  schema(app, cb) {
      fs.readFile(__dirname + '/schema.js', 'utf8', function (err, data) {
        cb(err, data)
      })
  }

  /**
   * @name: start
   * @msg: 驱动启动
   * @param driverConfig array  包含模型及设备数据
   * @return:
   */
  start(app, driverConfig, cb) {
    // app.log.debug('启动', driverConfig)
    app.log.debug('启动')
    // 对  driverConfig  中的每一个  model  进行操作
    let that = this
```

```
        driverConfig.forEach((model) => {
            model.devices.forEach((device) => {
                this.cron = schedule.scheduleJob('*/5 * * * * *', function () {
                    const val = { modelId: model.id, nodeId: device.id, uid: device.uid, fields: that.randomData
(model.device.tags) }
                    // app.log.debug('测试数据', val)
                    app.writePoints(val)
                        .catch(err => {
                            app.log.error(`保存数据,${err}`)
                        })
                });
            })
        })
        cb(null)
    }

    /**
     * @name: reload
     * @msg: 驱动重启
     * @param driverConfig array  包含模型及设备数据
     * @return:
     */
    reload(app, driverConfig, cb) {
        // app.log.debug('驱动重启', driverConfig)
        app.log.debug('驱动重启')
        cb(null)
    }

    /**
     * @name: run
     * @msg: 运行指令,向设备写入数据
     * @param nodeId string  设备 id
     * @param command object  指令内容
     * @return:
     */
    run(app, nodeId, command, cb) {
        app.log.debug('运行指令', nodeId, command)
        cb(null)
    }

    /**
     * @name: debug
     * @msg: 调试驱动
     * @param debugConfig object  驱动配置,包含连接信息
     * @return:
     */
```

```
      debug(app, debugConfig, cb) {
        app.log.debug('运行测试', debugConfig)
        cb(null)
      }

      /**
       * @name: stop
       * @msg: 驱动停止处理
       * @param {type}
       * @return:
       */
      stop(app, cb) {
        app.log.debug('驱动停止处理')
        this.cron.cancel()
        cb(null)
      }

      /**
       * @name: randomData
       * @msg: 随机数据
       * @param {type}
       * @return:
       */
      randomData(tags) {
        let val = [];
        tags.forEach(tag => {
          val.push({ tag: tag, value: Math.random() * 1000 })
        });
        return val;

      }
    }

    // 实例化并开始运行
    new App(cfg).start(new TestDriver())
```

增加 jason schema 介绍，创建 schema.js 文件，完成驱动配置，schema.js 示例代码如下所示。

```
({
    "title": "Http 客户端协议",
    "key": "driver-http-client",
    "model": {
      "properties": {
        "settings": {
          "title": "设备配置",
          "type": "object",
          "properties": {
```

```
"method": {
  "type": "string",
  "title": "请求方式",
  "default": "GET",
  "enum": [
    "GET",
    "POST",
    "PUT",
    "PATCH",
    "DELETE"
  ]
},
"url": {
  "type": "string",
  "title": "请求地址",
  "minLength": 10,
  "pattern": "http[s]{0,1}://.*"
},
"headers": {
  "type": "array",
  "title": "请求头",
  "items": {
    "type": "object",
    "properties": {
      "key": {
        "type": "string",
        "title": "名称"
      },
      "value": {
        "type": "string",
        "title": "值"
      }
    },
    "required": [
      "key",
      "value"
    ]
  }
},
"params": {
  "type": "array",
  "title": "URL 参数",
  "items": {
    "type": "object",
    "properties": {
```

```
                "key": {
                   "type": "string",
                   "title": "名称"
                },
                "value": {
                   "type": "string",
                   "title": "值"
                }
             },
             "required": [
                "key",
                "value"
             ]
          }
       },
       "data": {
          "type": "string",
          "title": "请求数据",
          "fieldType": "textarea"
       },
       "prop": {
          "type": "object",
          "title": "匹配属性",
          "properties": {
             "uid": {
                "type": "string",
                "title": "UID"
             },
             "data": {
                "type": "string",
                "title": "数据"
             }
          }
       },
       "interval": {
          "type": "number",
          "title": "采集周期"
       },
       "script": {
          "type": "string",
          "title": "脚本",
          "fieldType": "editor"
       }
    }
  },
  "tags": {
```

```
              "title": "数据点",
              "type": "array",
              "items": {
                "type": "object",
                "properties": {
                  "name": {
                    "type": "string",
                    "title": "名称"
                  },
                  "id": {
                    "type": "string",
                    "title": "标识"
                  },
                  "path": {
                    "type": "string",
                    "title": "属性路径"
                  },
                  "dataType": {
                    "type": "string",
                    "title": "数据类型",
                    "enum": [
                      "string",
                      "number"
                    ]
                  }
                },
                "required": [
                  "name",
                  "id",
                  "path"
                ]
              }
            },
            "commands": {
              "title": "指令",
              "type": "array",
              "items": {
                "type": "object",
                "properties": {
                  "name": {
                    "type": "string",
                    "title": "名称"
                  }
                }
              }
            }
          }
```

```
      }
    },
    "device": {
      "properties": {
        "settings": {
          "title": "设备配置",
          "type": "object",
          "properties": {
            "method": {
              "type": "string",
              "title": "请求方式",
              "default": "GET",
              "enum": [
                "GET",
                "POST",
                "PUT",
                "PATCH",
                "DELETE"
              ]
            },
            "url": {
              "type": "string",
              "title": "请求地址",
              "minLength": 10,
              "pattern": "http[s]{0,1}://.*"
            },
            "headers": {
              "type": "array",
              "title": "请求头",
              "items": {
                "type": "object",
                "properties": {
                  "key": {
                    "type": "string",
                    "title": "名称"
                  },
                  "value": {
                    "type": "string",
                    "title": "值"
                  }
                },
                "required": [
                  "key",
                  "value"
                ]
              }
```

```
                },
                "params": {
                    "type": "array",
                    "title": "URL 参数",
                    "items": {
                        "type": "object",
                        "properties": {
                            "key": {
                                "type": "string",
                                "title": "名称"
                            },
                            "value": {
                                "type": "string",
                                "title": "值"
                            }
                        },
                        "required": [
                            "key",
                            "value"
                        ]
                    }
                },
                "data": {
                    "type": "string",
                    "title": "请求数据",
                    "fieldType": "textarea"
                },
                "prop": {
                    "type": "object",
                    "title": "匹配属性",
                    "properties": {
                        "uid": {
                            "type": "string",
                            "title": "UID"
                        },
                        "data": {
                            "type": "string",
                            "title": "数据"
                        }
                    }
                },
                "interval": {
                    "type": "number",
                    "title": "采集周期"
                },
                "script": {
```

```json
                  "type": "string",
                  "title": "脚本",
                  "fieldType": "editor"
              }
          }
      },
      "tags": {
        "title": "数据点",
        "type": "array",
        "items": {
            "type": "object",
            "properties": {
              "name": {
                  "type": "string",
                  "title": "名称"
              },
              "id": {
                  "type": "string",
                  "title": "标识"
              },
              "path": {
                  "type": "string",
                  "title": "属性路径"
              },
              "dataType": {
                  "type": "string",
                  "title": "数据类型",
                  "enum": [
                      "string",
                      "number"
                  ]
              }
            },
            "required": [
              "name",
              "id",
              "path"
            ]
        }
      },
      "commands": {
        "title": "指令",
        "type": "array",
        "items": {
            "type": "object",
            "properties": {
```

```
                    "name": {
                        "type": "string",
                        "title": "名称"
                    }
                }
            }
        }
    }
}
})
```

修改 config 目录.developmentrc 文件，代码如下所示。

```
{
    "host": "air.htkjbjf.com",
    "port": 31000,
    "mqtt": {
        "host": "air.htkjbjf.com",
        "port": 31709
    },
    "credentials": {
        "ak": "e002250f-1ee4-6bfe-8596-f9989d379db9",
        "sk": "b3e573ba-cb33-bcfe-1d09-ad4ee010a2bc"
    },
    "log": {
        "level":"debug"
    },
    "driver": {
        "id": "demodriver",
        "name": "demodriver"
    }
}
```

修改 config 目录 index.js 文件，代码如下所示。

```
/*
 * @Description: 配置信息
 * @version:
 * @Author: Zhangsan
 * @Date: 2020-07-28 11:41:36
 */
let rc = require('rc')

// 因为 rc 是从 process.cwd()向上查找.appnamerc 文件的，所以在根目录 config 文件夹里面的是找不
到的，要改变工作路径到当前，再改回去
var originCwd = process.cwd()
process.chdir(__dirname)
```

```
var conf = rc('development', {
    credentials: {
        ak: "e002250f-1ee4-6bfe-8596-f9989d379db9",
        sk: "b3e573ba-cb33-bcfe-1d09-ad4ee010a2bc"
    },
    driver: {
        "id": "demodriver",
        "name": "demodriver"
    }
})

process.chdir(originCwd)
module.exports = conf
```

2．应用发布

驱动服务发布方法与接口服务发布方法类似，即打包文件→修改 Dockerfile→后台编译文件→服务部署。需要注意的是服务部署时，service 类型选择 None，不对外暴露端口。部署完成后，打开模型设备配置，开发的设备驱动（demodriver）已出现在驱动列表，设备驱动测试如图 9-24 所示，表明驱动已部署并启动。

图 9-24　设备驱动测试

167

9.2.5 SDK

AIRIOT 提供了 Java SDK、Node SDK 和 Go SDK 三种 SDK 用于后端开发，三种 SDK 功能一样，只是编程语言不同，用户可选择任意一种进行后端二次开发。

1. 利用 SDK 创建第三方应用步骤

（1）使用创建 APP 接口创建第三方应用

创建 APP 请求代码示例如下，创建 APP 请求及响应字段见表 9-7。

```json
{
    "department": [
        {
            "id": "5ccffb6a6a4c1926e6f95158",
            "name": "1 号接转站"
        }
    ],
    "email": "root@oilive.com",
    "name": "root",
    "password": "123456",
    "roles": [
        {
            "id": "5c6a8214159c6decce01909a",
            "name": "superuser"
        }
    ]
}
```

表 9-7 创建 APP 请求及响应字段

URL					
接口请求方式			POST		
输入	参数名	说明	数据类型	实例	描述
	appname	第三方应用名称	String	测试第三方应用	—
	department	所属部门	Array	—	—
	roles	所属角色	Array	—	—
	email	邮箱	String	—	—
输出	参数名	说明	数据类型	实例	描述
	Inserted ID	插入的数据的 ID	String	—	—

（注：URL 行实例为 "（平台 IP）/core/app"）

（2）使用查询 APP 接口获取 appkey 和 appsecret

查询 APP 请求代码示例如下，查询 APP 请求及响应字段见表 9-8。

```json
{
    "limit": 30,
    "skip": 20,
    "sort": {
        "createTime": -1
    },
```

```
        "filter": {
            "appname": "Tom",
            "name": {
                "$regex": "la"
            },
            "warning": {
                "hasWarning": true
            },
            "$or": [
                {
                    "uid": "aaa"
                },
                {
                    "uid": "bbb"
                }
            ]
        },
        "project": {
            "name": 1,
            "model": 1,
            "warning": {
                "hasWarning": 1
            }
        },
        "withCount": true
    }
```

表 9-8　查询 APP 请求及响应字段

	URL	（平台 IP）/core/app?query=			
	接口请求方式	GET			
输入	参数名	说明	数据类型	实例	描述
	query(对象数组)	查询对象	Array	—	查询格式类似 Mongodb
输出	参数名	说明	数据类型	实例	描述
	appname	第三方应用名称	String	测试第三方应用	—
	roles	所属角色	Array	roles	—
	email	邮箱	String	email	—
	id	第三方应用数据库 id	String	5d19a63e7a1b2c36345166f0	—
	name	第三方应用 appkey	String	—	—
	password	第三方应用 appsecret	String	—	—
	department	所属部门	Array	—	—

（3）使用第三方应用获取 token 接口

使用 AppKey 和 AppSecret 获取 token，请求无须携带 token。获取 token 请求及响应字段见表 9-9。

表 9-9　获取 token 请求及响应字段

URL		（平台 IP）/core/auth/token?appkey=xxx&appsecret=yyy			
接口请求方式		GET			
输入	参数名	说明	数据类型	实例	描述
	query(appkey)	第三方应用唯一凭证	String	—	—
	query(appsecret)	第三方应用唯一密钥	String	—	—
输出	参数名	说明	数据类型	实例	描述
	token	请求接口时需要使用的 token	String	—	—
	expires	token 过期时间	Int	—	—

（4）其他接口调用

调用接口时，将 token 值需要放在请求头的 Authorization 字段中。

2．Node SDK 类属性及方法

后端开发包括接口服务开发、任务类（计算类）服务开发和驱动开发，本节重点介绍基于 Node SDK 开发的类属性及方法，其他 SDK 类属性及方法请参考官方文档。

（1）接口服务 APP 类属性及方法

开发接口服务需增加统一 URL PATH 路径，如 http://localhost:8080/路径/node。接口服务 APP 类属性为 Web 服务属性，方法为驱动启动。Web 服务属性及接口服务驱动启动分别见表 9-10 和 9-11。

表 9-10　Web 服务属性

属性		http		
参数说明	属性名	必选		说明
http	是	web 服务		—
返回值	无	—		—

表 9-11　接口服务驱动启动

方法		start(service, port)		
参数说明	参数名	必选		说明
service	否	接口的实例化对象		—
port	否	接口服务端口		—
返回值	无	—		—

（2）任务类（计算类）服务 APP 类属性及方法

任务类（计算类）服务 APP 类属性为调度程序，方法为驱动启动。调度程序属性及任务类（计算类）服务驱动启动分别见表 9-12 和 9-13。

表 9-12　调度程序属性

属性		schedule		
参数说明	属性名	必选		说明
schedule	是	计划任务		—
返回值	无	—		—

表 9-13　任务类（计算类）服务驱动启动

方法		start(task)		
参数说明	参数名	必选		说明
task	否	任务的实例化对象		—
返回值	无	—		—

（3）驱动 APP 类方法

驱动开发首先要进行驱动初始化配置，包括与服务端交互，包含网关地址、消息队列地址、认证信息、驱动信息、日志等配置信息。驱动 APP 类方法包括驱动启动（见表 9-14）、保存数据（见表 9-15）、将日志发送到消息队列（见表 9-16）、将 debug/info/warn/error 日志发送到消息队列（见表 9-17）。

表 9-14　驱动类服务驱动启动

方法	start(driver)		
参数说明	参数名	必选	说明
driver	否	驱动的实例化对象	—
返回值	无		—

表 9-15　保存数据

方法	writePoints({ modelId, uid, nodeId, fields, time })		
参数说明	参数名	必选	说明
modelId	是	模型 id	—
nodeId	是	设备 id	—
uid	是	设备编号	—
time	是	数据更新时间，时间戳毫秒数(1596440650000)	—
fields	是	数组对象，[{tag:{},value:0}]，tag 为数据点对象，value 为数据值	—
返回值	无	—	—

表 9-16　将日志发送到消息队列

方法	logMsg(topic,msg)		
参数说明	参数名	必选	说明
topic	否	日志消息主题	—
msg	否	string，日志数据	—
topic	否	日志消息主题	—
返回值	无	—	—

表 9-17　将 debug/info/warn/error 日志发送到消息队列

方法	logDebug(uid,msg)/ logInfo(uid,msg)/ logWarn(uid,msg)/ logError(uid,msg)		
参数说明	参数名	必选	说明
uid	否	设备编号	—
msg	否	string，日志数据	—
返回值	无	—	—

9.3　实践作业

1．开发一个组件并发布。

2．开发一个驱动服务并发布。

第 10 章 位 置 管 理

AIRIOT 集成了常见地理位置管理系统，如高德地图、天地图以及部分港口专用地图等地图系统，本章以高德地图为例，基于城市车辆实际应用场景，介绍基于 AIRIOT 的车辆实时位置管理，实现车辆离线与在线状态监测、实时位置显示、历史轨迹回放、边界标定与越界报警等功能，其他更多的应用场景和功能用户可自行研究开发。

10.1 资产位置数据点设置

资产位置管理需先设置资产位置数据点，在模型中添加纬度和经度数据点，纬度数据点和经度数据点基本属性分别如图 10-1 和图 10-2 所示，数值转换、报警规则和数值仿真保持默认。配置完成后资产地理位置分布图如图 10-3 所示。

图 10-1 纬度数据点基本属性

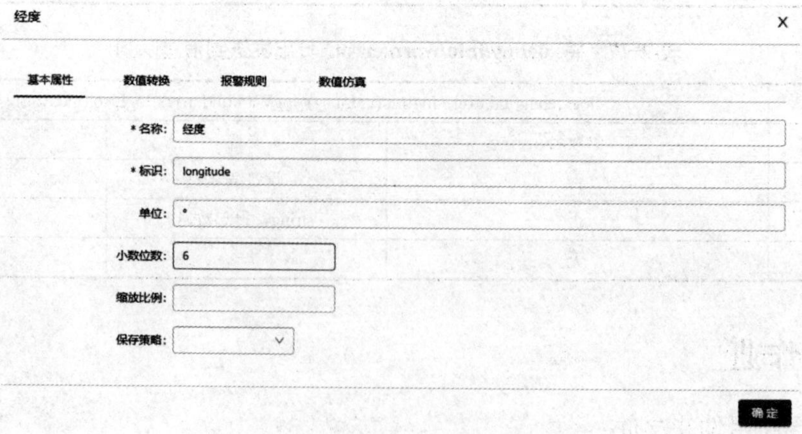

图 10-2 经度数据点基本属性

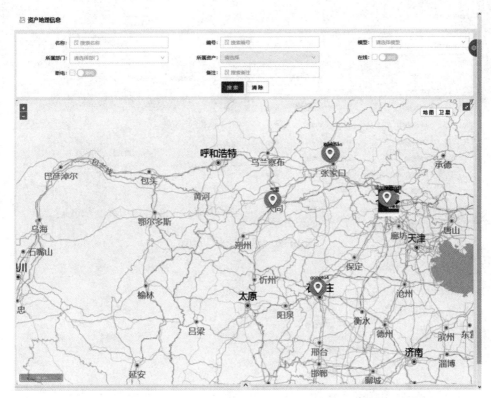

图 10-3　资产地理位置分布图

10.2　边界标定及越界报警

地图边界标定用于设定区域边界，当资产超出边界时提供报警。以车辆管理为例，边界标定设置步骤如图 10-4 所示，选中车辆单击鼠标右键，再单击"区域报警"，打开"区域管理"页面，如图 10-5 所示，右侧为区域地图，在区域地图可增加圆形、矩形或多边形区域。左侧为以列表形式列出已设置区域，单击"绑定"按钮，弹出"绑定车辆"对话框，如图 10-6 所示，设置完信息后，单击"绑定"按钮即可绑定区域，当资产越过边界区域时产生越界报警，越界报警信息如图 10-7 所示。

图 10-4　边界标定设置步骤

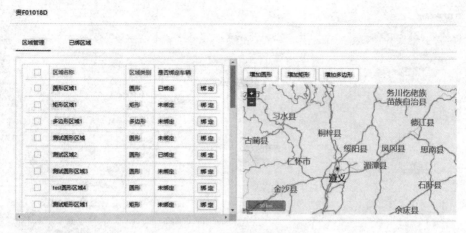

贵F01018D
区域管理
已绑区域
区域名称
区域类别
是否绑定车辆
圆形区域1
圆形
已绑定
绑 定
矩形区域1
矩形
未绑定
多边形区域1
多边形
测试圆形区域
测试区域2
测试圆形区域3
test圆形区域4
测试矩形区域1
增加圆形
增加矩形
增加多边形
务川仡佬族苗族自治县
习水县
德江县
桐梓县
古蔺县
绥阳县
凤冈县
思南县
仁怀市
湄潭县
遵义
金沙县
石阡县
余庆县
50 km

图 10-5 “区域管理”页面

绑定车辆
X
区域名称：圆形区域1
设置属性：更新区域
进区域报驾驶员：
进区域报平台：
出区域报驾驶员：
出区域报平台：
限速：
最高时速（km/h）：60
超速持续时间（秒）：5
根据时间：
开始时间：2020-10-07 09:32:33
结束时间：2020-10-08 09:32:34
绑定

图 10-6 “绑定车辆”对话框

车辆状态表
指令跟踪
报警列表
多媒体列表
报警时间
模型
资产
所属部门
所属资产
报警数值
级别
报警类别
确认人
报警描述
2020-08-11 12:20:45
车辆
贵F01018D
观山湖3路
车速:2km/h 高程:1302 纬度:26.615 经度:106.639 日期时间:2020-08-11T12:20:45+08:00 2
高
超出区域报警
admin
超出区域报警

图 10-7 越界报警信息

10.3 轨迹回放

轨迹回放用于查看车辆行驶轨迹，选中车辆单击鼠标右键，再单击“轨迹回放”，打开“轨迹回放”页面，如图 10-8 所示，页面右侧为回放时间段选择，输入起始和结束时间，单击“搜

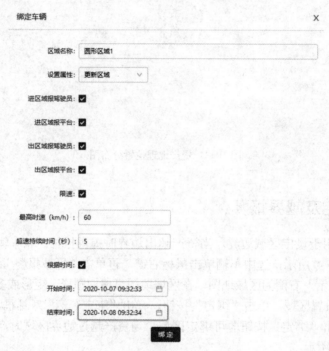

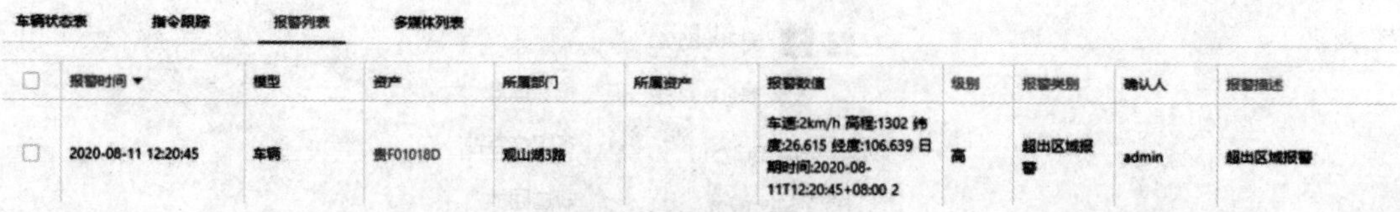

索"按钮，左侧地图弹出车辆轨迹，单击地图下方"播放"按钮，可播放车辆轨迹，单击"暂停"按钮，停止播放。地图中车辆用黑色实心圆表示，在地图下方是车辆实时状态，光标放置位置显示当前时间车辆速度和总里程。单击"导出配置"按钮可以导出设定时段车辆信息（xlsx 格式），车辆信息示例如图 10-9 所示，显示了时间、速度、里程、经度、纬度和方向。

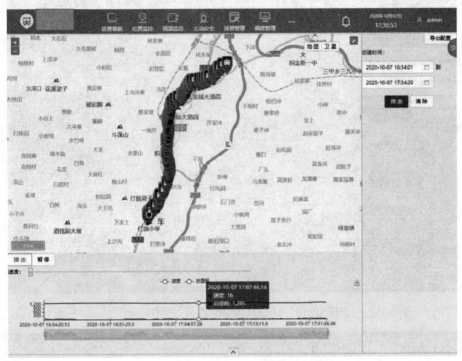

图 10-8　"轨迹回放"页面

	时间	速度	里程	经度	纬度	方向
1						
2	2020-10-07 16: 53		1280	26.64795	105.763359	181
3	2020-10-07 16: 53		1279	26.647815	105.763355	181
4	2020-10-07 16: 45		1282	26.644257	105.764065	162
5	2020-10-07 16: 35		1281	26.644164	105.764094	165
6	2020-10-07 16: 35		1281	26.644164	105.764094	165
7	2020-10-07 16: 21		1286	26.642496	105.764642	157
8	2020-10-07 16: 10		1286	26.642352	105.764717	153
9	2020-10-07 16: 43		1287	26.639883	105.765356	174
10	2020-10-07 16: 46		1287	26.639561	105.765395	174
11	2020-10-07 16: 64		1286	26.635868	105.764813	200
12	2020-10-07 16: 55		1287	26.631903	105.763568	192
13	2020-10-07 16: 53		1293	26.628261	105.761754	188
14	2020-10-07 16: 53		1295	26.625178	105.759626	231
15	2020-10-07 16: 37		1295	26.62498	105.759335	233

图 10-9　车辆信息示例

10.4　资产运行状态可视化展示

通过资产位置数据点可实现资产在线状态查看和统计，这里对车辆管理过程中比较重要的信息进行可视化实时展示，如基础信息（在册车辆、线路、场站、站点、司机等）、车辆运行里程、违规情况、车队考勤、车辆线路实时运行路线等，并通过本书第 8 章组态画面功能实现这些关注信息的实时可视化展示，AIRIOT 车辆管理应用平台首页页面如图 10-10 所示，上方为主菜单，具有位置监控、视频监控、主动安全、排班管理等功能，下方为对应的功能页面。单击主菜单"位置监控"打开位置监控页面，如图 10-11 所示。位置监控页面为左右结构，左侧为平台所有车辆，通过车牌号以文件夹方式管理，车牌号前方绿色表示在线，灰色表示离线。单击车牌号，选中车辆则右侧显示实时位置及选中车辆的状态、指令、报警等信息。

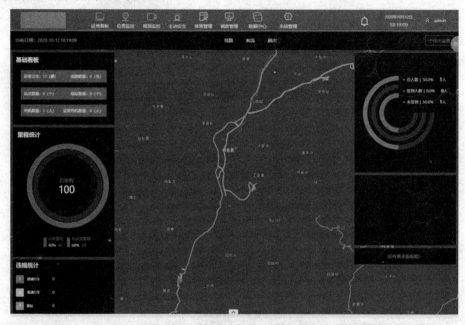

图 10-10　AIRIOT 车辆管理应用平台首页

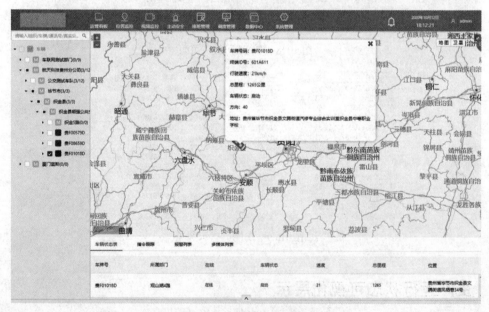

图 10-11　"位置监控"页面

10.5　实践作业

基于 AIRIOT 位置管理功能配置资产，实现资产位置实时显示并查看资产历史轨迹。

第 11 章　视频监控系统

AIRIOT 支持海康威视、大华等主流厂商视频安防系统集成，此外还支持门禁系统、周界防范系统、报警主机等视频安防系统的接入集成。通过配置模型、资产、事件、报警等功能，用户能够快速搭建智能化视频监控系统，实现视频监视、视频墙配置、视频云台控制、监控点管理、报警联动等功能。本章以海康威视视频系统集成为例，介绍 AIRIOT 集成第三方安防系统及相关功能的实现。

11.1　支持的厂商和协议

11.1.1　支持的厂商

AIRIOT 支持海康威视、大华等厂商的主流摄像头，支持的摄像头型号（部分）见表 11-1。

表 11-1　AIRIOT 支持的摄像头型号（部分）

厂商	型号
海康威视	DS-2CD3T46DWD-I5
	DS-2DC4223IW-D
	DS-2CD3T47（D）WD-L
	DS-IPC-B12-I（12mm）
	DS-IPC-T12H-I（4mm）
	DS-2CD3T25-I5
	DS-IPC-B12H-I/PoE（4mm）
	DS-2CD3346WD-I（4mm）
	DS-2CD3T25-I3（4mm）
	DS-2CD3T25D-I5
	…
大华	DH-IPC-HFW1235M-I1
	DH-IPC-HDW1230C-A
	DH-IPC-HFW1230M-I1
	DH-SD6C82FB-GN
	DH-IPC-HFW1235M-I2
	DH-IPC-HDW1235C-A
	DH-IPC-HDW1025C
	DH-SD6C84E-GN
	DH-IPC-HFW1025B
	DH-IPC-HDP2230C-SA
	…

11.1.2 支持的协议

AIRIOT 支持目前所有主流的视频传输协议，如 RTMP、RTSP、HTTP-FLV 等。

1. RTMP 协议

RTMP（Real Time Messaging Protocol）即实时消息传输协议，是 TCP/IP 协议体系中的一个应用层协议，包括 RTMP 基本协议及 RTMPT、RTMPS、RTMPE 等多种变种，是一个协议族。该协议主要用来在 Flash/AIR 平台和支持 RTMP 协议的流媒体/交互服务器之间进行音视频和数据通信。支持该协议的软件包括 Adobe Media Server、Ultrant Media Server、Red5 等。

2. RTSP 协议

RTSP（Real Time Streaming Protocol）即实时流传输协议，是 TCP/IP 协议体系中的一个应用层协议，定义了一对多应用程序如何有效地通过 IP 网络传送多媒体数据。RTSP 主要用来控制声音或影像的多媒体串流，允许同时多个串流需求控制，传输时所用的网络通信协议并不在其定义的范围内，服务器端可以自行选择使用 TCP 或 UDP 来传送串流内容，其语法和运作与 HTTP 1.1 类似，但并不特别强调时间同步，允许网络延迟。

3. HTTP-FLV

FLV（Flash Video）是 Adobe 公司推出的一种在网络上传输的流媒体数据存储格式。HTTP-FLV 即将流媒体数据封装成 FLV 格式，然后通过 HTTP 传输给客户端。HTTP-FLV 依靠 MIME 的特性，根据协议中的 Content-Type 来选择相应的程序去处理相应的内容，使得流媒体可以通过 HTTP 传输。相较于 RTMP 协议，HTTP-FLV 基于 HTTP/80 传输，能够更好地穿透防火墙，有效避免防火墙拦截，支持使用 HTTPS 加密传输，也能够兼容基于 Android、iOS 等的移动端。

11.2 海康威视视频设备及系统接入

AIRIOT 支持两种方式接入海康威视摄像头（以下简称摄像头），一是通过海康威视通用摄像头 SDK 直接接入摄像头，二是通过海康威视综合安防管理平台 iSecure Center（以下简称 iSC）接入摄像头。

11.2.1 通过海康威视通用摄像头 SDK 接入

首先建立摄像头模型，模型名称为"海康摄像头 SDK 驱动测试"，模型标签填写海康摄像头、海康监控点，摄像头模型添加页面如图 11-1 所示，设备驱动选择 hik-camera-direct，添加数据点"监控点状态"和指令，当摄像头在线时，数据点监控点状态值为 1，摄像头不在线时，数据点监控点状态值为 0，摄像头模型的设备配置页面如图 11-2 所示。

图 11-1　摄像头模型添加页面

图 11-2　摄像头模型设备配置页面

　　然后再添加该模型的资产，1 个资产对应一个摄像头。在资产设置页面配置该摄像头的相关信息，平台将使用这些信息登录对应的摄像头，实现视频取流和云台控制。配置完成后应重启相应的驱动。具体配置信息如下。

　　1）设备 IP 地址：摄像头的 IP 地址，该 IP 地址应与部署平台的服务器在同一网段。

　　2）设备端口号：摄像头访问端口，默认为 8000。

　　3）设备通道号：摄像头的设备通道号默认为 1，准确配置请参考对应设备的说明书。

　　4）登录的用户名：摄像头的登录用户名，默认为 admin。

　　5）用户密码：摄像头的登录密码，此密码是在摄像头初始化时由用户设置，准确配置请参考对应设备的说明书。

　　6）rtsp 播放地址：摄像头 rtsp 取流地址，通过该地址可播放摄像头画面，一般为 rtsp://用户名:登录密码@摄像头 IP 地址:554/h265/ch1/main/av_stream，准确配置请参考对应设备的说明书。

　　本节中资产信息配置如图 11-3 所示。

图 11-3　资产配置信息

11.2.2 通过 iSC 接入视频设备

首先登录 iSC，进入"系统管理"页面，如图 11-4 所示。按照 iSC 平台使用说明，在 iSC 系统中添加编码设备和监控点。这里添加两个监控区域：渔阳置业大厦和雍和宫，其中雍和宫区域设置了两台 B706 摄像机，具体配置信息如图 11-5 所示。

图 11-4　iSC "系统管理"页面

图 11-5　监控点添加页面

然后登入 iSC 管理页面，如图 11-6 所示，单击标题栏"状态监控"标签进入"状态监控"页面，如图 11-7 所示，单击页面左侧"API 网关"→"API 管理"，进入 API 网关管理页面，如图 11-8 所示，在网关管理页面单击左侧"合作方管理"，再单击右侧"对内合作方"，即可查看合作方 Key 和 Secret，如图 11-9 所示。

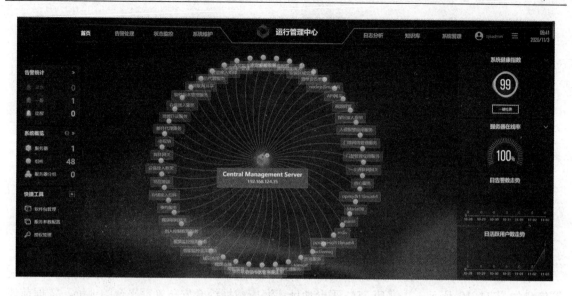

图 11-6　iSC 管理页面

图 11-7　"状态监控"页面

图 11-8　API 网关管理页面

参数名	参数值
domainId	domain0
tagId	frs
userId	admin

合作方Key

合作方Key	合作方Secret
26489238	k*********P 显示

已授权API

＋ 限流配置

图 11-9　合作方 Key 和 Secret 页面

　　最后进入 AIRIOT "系统设置" 下的 "海康平台配置" 中，填写 iSC 的相关信息，具体配置信息如图 11-10 所示。①海康 iSC 平台地址：海康威视综合安防管理平台的地址，依据前述设置，这里为 192.68.124.35:443。②平台合作方 Key、平台合作方 Secret：AIRIOT 将使用此配置连接到 iSC，填写图 11-9 中合作方 Key 和 Secret 信息。③部门：需要用户提前在 AIRIOT 系统中添加一个部门，具体的部门添加见 1.3.1 节，此处默认已经添加了名称为 "海康平台" 的部门，该部门主要用于推送 iSC 平台报警信息到 AIRIOT，便于报警信息管理。④报警地址：iSC 将报警信息推送到该接口，平台解析后转为平台报警信息，默认为 "http://平台服务器 IP 地址:9001/hikcamera/event"。⑤报警类型：用户需要提前在 AIRIOT 系统中添加报警类型信息，便于报警信息管理，这里报警类型为 "海康平台集成报警"。具体 AIRIOT 报警类型添加见 1.2.7 节，此处不再详述。平台会自动同步 iSC 平台的监控点配置，在平台生成相应的资产。

图 11-10　AIRIOT 系统 "海康平台配置" 页面

11.3　视频墙配置

　　视频墙是视频展示的一种方式，即一个页面以视频组件的形式展示多个摄像头视频。视频墙示例如图 11-11 所示。通过视频墙配置页面中两个视频画面横向并行展示为例，画布中添加 1 个自由容器，自由容器中添加 1 个 2 列的栅格容器，每个栅格内添加 1 个视频组件，视频组件配置如图 11-12 所示，需要注意的是视频地址可以相同，但是 id 不可相同，否则直播流无法显示。页面中添加了 1 个文本组件，作为视频墙标题。

图 11-11　视频墙示例

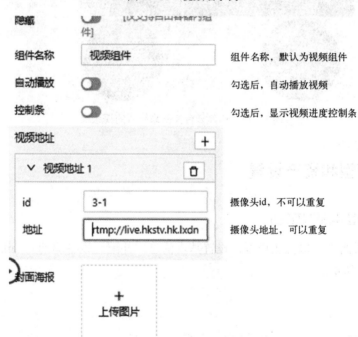

图 11-12　视频组件配置

11.4　云台控制系统搭建

　　AIRIOT 支持云台控制，该功能主要用来控制摄像头水平和俯仰的角度，方便用户随时查看需要关注的区域，摄像头需配有云台才可使用此功能。在每个视频组件下方添加相应的云台组件，云台组件属性如图 11-13 所示，搭建云台控制系统后的视频墙如图 11-14 所示。

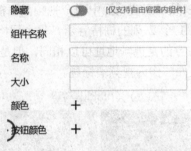

图 11-13 云台组件属性

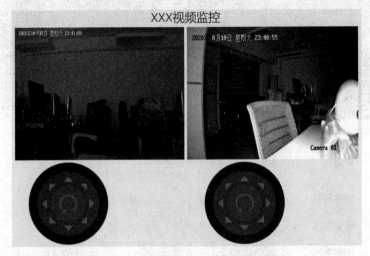

图 11-14 搭建云台控制系统后的视频墙

11.5 视频模型和资产设置

11.5.1 添加模型并配置驱动

在模型管理页面添加摄像头模型，设置基本信息，并配置设备驱动为 hik-camera。模型驱动配置如图 11-15 所示。

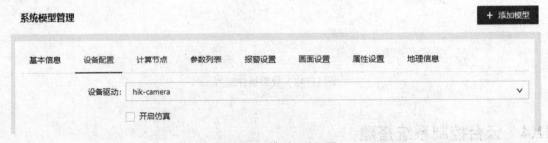

图 11-15 模型驱动配置

11.5.2 配置数据点

添加监控点状态（标识：CamStat）和编码设备状态（标识：EncodeStat）两个数据点，分别表示监控点和编码设备的在线状态，添加数据点后的模型管理页面如图 11-16 所示。

图 11-16　添加数据点后的模型管理页面

11.5.3　配置指令

配置指令包括左上、左下、右上、右下、上、下、左、右、转到指定预置点、放大和缩小、绑定云台控制动作、实现摄像头云台控制。"左上"指令配置示例如图 11-17 所示。

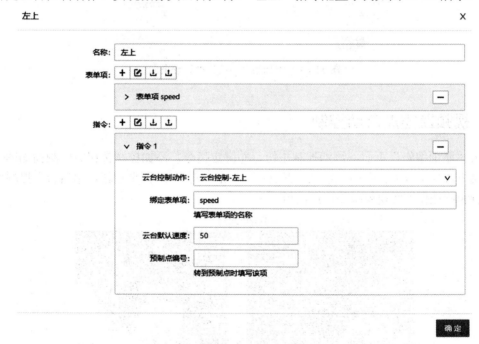

图 11-17　"左上"指令配置示例

表单项中参数名为 speed，数据类型为数字，其余保持默认。

指令中云台控制动作相应地选择"云台控制-左上"，其他指令可对应选择控制动作，云台默认速度为50。

其他指令配置与左上指令配置类似，注意"转到指定预置点"指令需填写预置点编号，预置点是通过第三方视频系统设置的。添加指令后的模型管理页面如图 11-18 所示。

图 11-18　添加指令后的模型管理页面

11.6　视频监控点自动控制

打开"画面编辑"页面，添加控制按钮，并绑定指令，添加控制按钮后的画面如图 11-19 所示，这里添加了放大、缩小、指定预置点 1、指定预置点 2 四个按钮，单击云台控制器或按钮可执行相应操作，实现视频监控点控制。

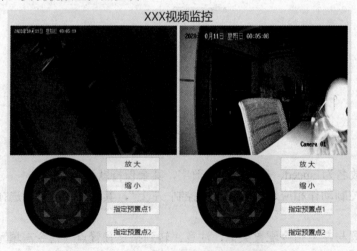

图 11-19　添加控制按钮后的画面

11.7　视频与报警联动

通过设置报警信息和视频监控点，可实现视频与报警联动。

以测试模型为例，该模型有 3 个数据点 A、B 和 C，如图 11-20 所示。

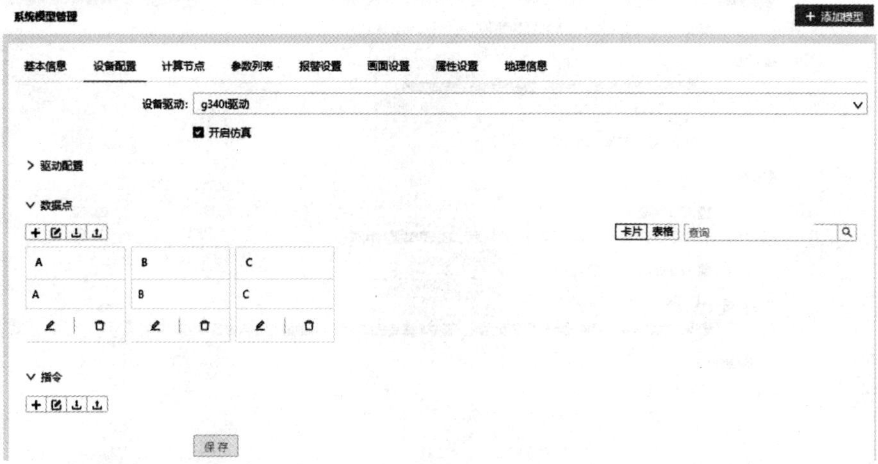

图 11-20　测试模型数据点

设置两条报警规则，报警规则 1 和报警规则 2 分别如图 11-21 和图 11-22 所示。报警规则 1 为"报警延迟"，当数据点 A 的值小于等于 100 时产生报警。报警规则 2 为"复杂报警"，当数据点 A 的值大于等于 158 并且数据点 B 的值小于等于 60 时产生报警。

图 11-21　报警规则 1

报警规则 2 ✕

报警规则名称: 复杂报警

*报警级别: 高 ⌄

*报警描述: 多个数据点设置
{{device}} 代表报警设备名称

报警间隔:
单位: 秒, 在间隔时间内同样报警规则产生的报警会忽略。

报警死区:
报警死区: 定义报警发生时, 数据报警值的波动范围

☐ 禁用
禁用后该规则不再生效

*报警类别: 请选择 ⌄

☑ 报警提醒
禁用后报警产生不提醒, 报警提示及应增加的报警数量均消失

☑ 报警处理

关注数据: + ✎ ⬇ ⬆
选择关注数据点, 当前规则的报警发生时, 选中数据点报警发生时的数值 信息将被保存到数据库。

*报警逻辑: 并且 ⌄ +

大于等于 ⌄

参数 ⌄

A ⌄

数值 ⌄

数字 ⌄ 158

小于等于 ⌄

参数 ⌄

B ⌄

数值 ⌄

数字 ⌄ 60

延时提醒时长(s):
若设置延时提醒时长, 产生报警, 经过设定时长后进行第一次报警提醒

确定

图 11-22　报警规则 2

设置该模型下资产的视频监控点, 视频监控点设置如图 11-23 所示, 在"修改资产"页面单击"海康视频", 设置监控点和预置位, 监控点为监控资产对应的摄像头, 预置位为摄像头预先设置的位置, 设置完成后单击"保存"按钮。

← 修改资产

| 基本信息 | 设备配置 | 计算节点 | 报警信息 | 画面设置 | 资产配置 | 地理信息 | 视频 | 海康视频 |

监控点: B706球机01 ⌄

预置位: 3

保存　取消

图 11-23　视频监控点设置

设置完成后即可实现视频报警联动, 报警信息如图 11-24 所示, 单击图中"视频" ▭ 图标可直接看到报警资产的实时视频信息, 如图 11-25 所示。

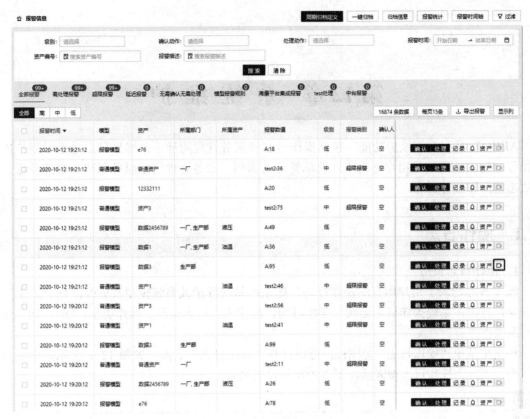

图 11-24 报警信息

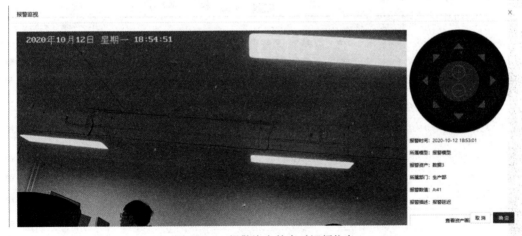

图 11-25 报警资产的实时视频信息

11.8 实践作业

以海康威视摄像头设备为例，进行视频监控点配置及自动控制。

第12章 系 统 维 护

AIRIOT 具有系统维护功能，包括操作日志和服务管理两部分，操作日志记录了用户所有的操作行为，主要满足用户行为审计追踪管理的需要，服务管理包括服务创建、服务升级、服务状态监控和服务日志。

12.1 操作日志

1. 操作日志页面

操作日志记录了用户所有的操作行为，如系统每次登录或系统模型被更改，均会产生一个系统操作日志，系统操作日志记录了操作时间、操作人、日志信息、操作类型、操作 IP、操作资产及操作内容。

单击主菜单"操作日志"图图标，可以打开"操作日志"页面，如图 12-1 所示，页面为上下结构，上方为操作日志搜索区，下方为操作日志列表。

图 12-1 "操作日志"页面

2. 搜索操作日志

操作日志支持按操作时间、日志信息、操作类型、用户、操作资产和操作 IP 进行搜索，支持单一条件搜索和多条件搜索，在相应搜索条件下输入搜索内容，单击"搜索"按钮，则操作日志列表列出搜索结果。操作日志搜索示例如图 12-2 所示，搜索条件设置了操作时间和操作资产，操作日志列表中只有 1 条操作记录，说明该时段仅对资产进行了一次操作。单击"清除"按钮可以清除搜索条件，此时操作日志列表列出所有操作记录。用户可根据实际情况，设置搜索条件，精准获取操作日志。

图 12-2　操作日志搜索示例

3. 查看及删除操作日志

（1）操作日志页

操作日志列表左上角及右下角为操作日志页码，单击 〈 或 〉 图标可选择上一页或下一页，单击页码可选择指定页。也可通过操作日志列表左上角 跳至 □ 页 直接跳转到指定的页面。

（2）每页日志条数及显示列

操作日志列表右上角为操作日志总条数、每页日志条数及显示列。单击每页日志条数，弹出每页显示条数设置，可设置为每页 30/50/60/100 条或自定义。单击显示列可设置列表显示内容，弹出显示内容勾选框，勾选则列表中显示相应内容，包括操作时间、操作人、日志信息、操作类型、操作 IP、操作资产和操作内容，默认为全部显示。

（3）按操作时间排序

单击"操作时间"弹出排序选项，可选择正序、倒序和取消排序，日志将按时间正序或倒序排列，默认为按时间正序排列。

（4）查看操作日志

单击日志后的"查看详情" 查看详情 图标，页面跳转至该条日志详情页，查看详情示例如图12-3 所示，显示了该条日志的具体操作时间、操作人、日志信息等内容。

图 12-3　查看详情示例

（5）删除操作日志

单击日志后的"删除" 🗑 图标，可删除该条日志，删除后，该日志从日志列表中删除。为确保系统操作日志的完整性便于追溯，该操作只有 admin 管理员权限才可操作，其他用户不允许删除日志。

12.2　服务管理

AIRIOT 基于微服务架构设计，各个功能模块以服务的形式创建、部署、运行，主要服务包括数据接口、后台计算、驱动等。

12.2.1　服务创建

单击主菜单"服务管理" 🖥 图标，打开"服务管理"页面，如图 12-4 所示，页面为上下结构，上方为服务操作区，下方服务列表。服务操作区可执行的操作包括添加服务、开始、停止和重新启动。系统安装后所有服务均在后台运行，服务列表中列出已添加的服务，新的服务需要先在"服务管理"页面添加，然后才能在列表中显示。

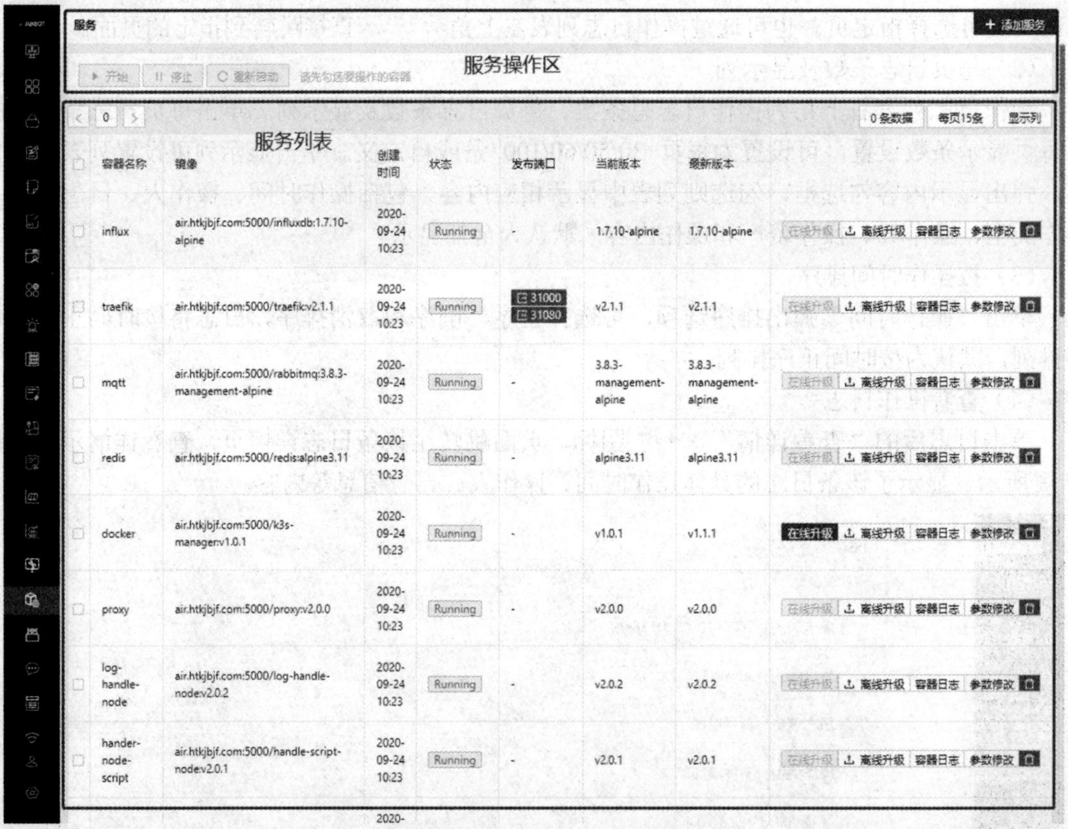

容器名称	镜像	创建时间	状态	发布端口	当前版本	最新版本	
influx	air.htkjbjf.com:5000/influxdb:1.7.10-alpine	2020-09-24 10:23	Running	-	1.7.10-alpine	1.7.10-alpine	在线升级 离线升级 容器日志 参数修改 🗑
traefik	air.htkjbjf.com:5000/traefik:v2.1.1	2020-09-24 10:23	Running	31000 31080	v2.1.1	v2.1.1	在线升级 离线升级 容器日志 参数修改 🗑
mqtt	air.htkjbjf.com:5000/rabbitmq:3.8.3-management-alpine	2020-09-24 10:23	Running	-	3.8.3-management-alpine	3.8.3-management-alpine	在线升级 离线升级 容器日志 参数修改 🗑
redis	air.htkjbjf.com:5000/redis:alpine3.11	2020-09-24 10:23	Running	-	alpine3.11	alpine3.11	在线升级 离线升级 容器日志 参数修改 🗑
docker	air.htkjbjf.com:5000/k3s-manager:v1.0.1	2020-09-24 10:23	Running	-	v1.0.1	v1.1.1	在线升级 离线升级 容器日志 参数修改 🗑
proxy	air.htkjbjf.com:5000/proxy:v2.0.0	2020-09-24 10:23	Running	-	v2.0.0	v2.0.0	在线升级 离线升级 容器日志 参数修改 🗑
log-handle-node	air.htkjbjf.com:5000/log-handle-node:v2.0.2	2020-09-24 10:23	Running	-	v2.0.2	v2.0.2	在线升级 离线升级 容器日志 参数修改 🗑
hander-node-script	air.htkjbjf.com:5000/handle-script-node:v2.0.1	2020-09-24 10:23	Running	-	v2.0.1	v2.0.1	在线升级 离线升级 容器日志 参数修改 🗑

图 12-4　"服务管理"页面

打开"服务管理"页面时，AIRIOT 默认未选中任何服务，服务操作区中"开始"按钮、"停止"按钮和"重新启动"按钮均未激活，显示为灰色，无法操作。选中某一个或多个服务后，上述按钮被激活，单击可执行相应操作，如开始服务、停止服务或重新启动服务。

创建服务支持输入代码创建和表单创建两种方式。单击"+添加服务"按钮，切换至"添加服务"页面，默认为输入代码创建，输入代码创建服务页面如图 12-5 所示，输入代码创建方式支持 YAML 语言和 JSON 语言，创建 email 服务示例代码如下，代码编辑不支持复制，且代码较长，初学者或非专业人员建议通过表单创建服务。

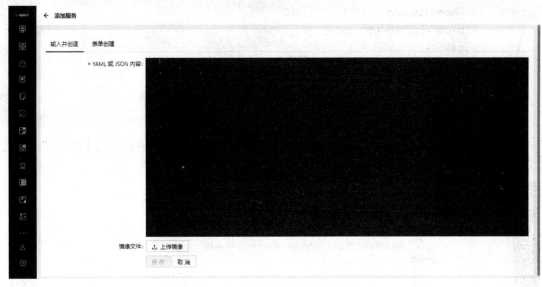

图 12-5　输入代码创建服务页面

```
apiVersion: apps/v1
kind: Deployment
metadata:
  name: hander-email
  labels:
    app: hander-email
  annotations:
    description: 事件邮件服务
spec:
  replicas: 1
  selector:
    matchLabels:
      app: hander-email
  template:
    metadata:
      labels:
        app: hander-email
    spec:
      containers:
        image: air.htkjbjf.com:5000/email:v2.0.0
        imagePullPolicy: IfNotPresent
        name: hander-email
        ports:
        - containerPort: 9000
```

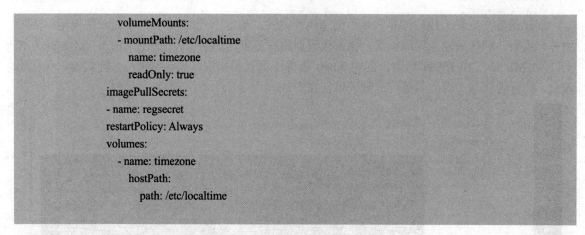

```
            volumeMounts:
            - mountPath: /etc/localtime
              name: timezone
              readOnly: true
        imagePullSecrets:
        - name: regsecret
        restartPolicy: Always
        volumes:
        - name: timezone
          hostPath:
            path: /etc/localtime
```

单击"表单创建"标签，切换至表单创建服务页面，如图 12-6 所示，其中带"*"的为必填项。

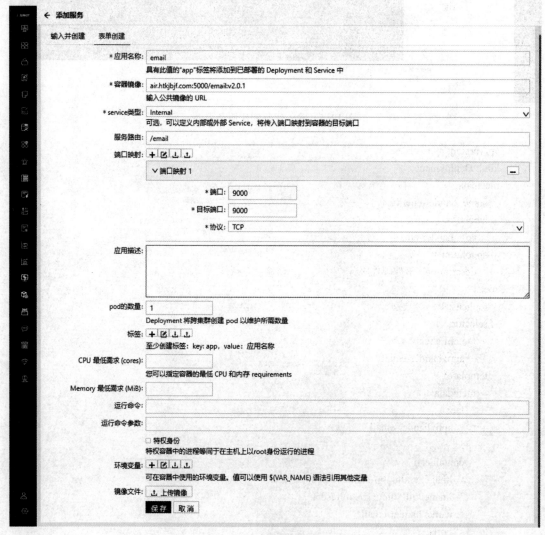

图 12-6　表单创建服务页面

（1）应用名称

应用名称根据实际情况填写，应与后台 app 标签对应，该名称将添加至已部署的 Deployment 和 Service 中。

（2）容器镜像

容器镜像应输入公共镜像的 URL。

（3）service 类型

service 类型用于选择服务类型，为下拉列表，可选 None、Internal 或 External。None 不对端口进行映射，Internal 和 External 可将传入端口映射到容器的目标端口，这里选择 Internal。

（4）端口映射

端口映射用于实现本地端口和目标端口的映射，单击"添加"⊞图标，添加端口应用，这里端口和目标端口均为 9000，协议采用 TCP。

表单创建中还有其他选项，均为非必填项，用户可根据实际情况填写，如 pod 的数量、CPU 最低需求、Memory 最低需求等。

信息填写完成后，单击"保存"按钮，该服务出现在服务列表末尾，添加 email 服务后服务列表（局部）如图 12-7 所示，服务状态为挂起态，刷新页面后 email 变为运行态，如图 12-8 所示。

图 12-7　添加 email 服务后服务列表（局部）

图 12-8　刷新页面后 email 变为运行态

12.2.2　服务升级

服务升级用于升级服务的版本，AIRIOT 支持在线升级和离线升级两种方式。服务版本不是最新版本时，才可进行升级。单击服务列表中"显示列"按钮，弹出列表显示列选项，勾选后可在列表中显示相应内容，默认为全部勾选。勾选当前版本和最新版本后可查看服务当前版本和最新版本，如图 12-8 中 email 服务，当前版本为 v2.0.1，最新版本为 v2.0.2，可进行升级。单击"在线升级"按钮，则 AIRIOT 平台自动链接服务器进行升级。单击"离线升级"按钮，则弹出离线升级对话框，如图 12-9 所示，单击"离线升级"按钮，上传本地镜像即可实现离线升级。

图 12-9　离线升级对话框

12.2.3　服务状态监控

服务状态监控用于监控容器的运行状态，勾选显示列中的状态，服务状态包括运行（Running）、停止（Stop）和挂起（Pending），图 12-7 和图 12-8 中 email 状态分为别为挂起态和运行态。选中 email 服务，单击服务操作区"停止"按钮，页面弹出 ⊘ -停止容器(email)成功! 提示，此时 email 服务处于停止态，如图 12-10 所示。再次选中 email 服务，单击服务操作区"启动"按钮，页面弹出 ⊘ -启动容器(email)成功! 提示，此时 email 服务处于挂起态，刷新页面后，email 服务处于运行态。

图 12-10　email 服务处于停止态

12.2.4　服务日志

服务日志记录了服务的具体运行情况，如连接情况、授权情况、升级情况等，单击服务后"容器日志"标签，可打开相应服务的服务日志，email 服务日志示例如图 12-11 所示。

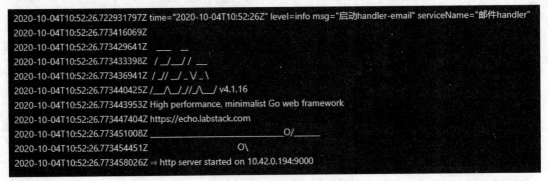

图 12-11　email 服务日志示例

12.3　实践作业

1. 查看操作日志，搜索用户操作，查看操作详情。
2. 在服务管理中添加服务，并监控服务状态。

第13章 大数据与人工智能应用与实践

AIRIOT 具备海量数据高效处理能力，并支持实时计算，同时还集成了常见的机器学习模型库，用户可在 AIRIOT 上方便地进行业务数据的挖掘分析并实现资产运行的预见性维护等人工智能应用。本章通过油田抽油机示功图运行数据的分析，并对数据进行预处理、建模分析，最终实现示功图全生命周期的预测性维护。

13.1 大数据分析

13.1.1 配置数据源

实际应用中，不同的传感器获取了大量设备运行数据，这些数据将以数据点的形式采用一定的通信协议传输至 AIRIOT 物联网平台。根据数据的重要及敏感程度，对数据点采取相应的保存策略，如数据对设备状态不敏感，瞬时值不能反映设备状态，但一个周期内数据变化曲线能表征设备状态，则采取每次存储策略，即保存所有数据点；又如数据对设备状态较敏感，正常状态时数据为恒定值，当设备状态发生变化时，数据值相应变化，则可采取变化存储策略，即数据变化时保存。随着系统运行时间的增长，系统将获得设备状态大数据，这些数据保存在相应的数据库，可方便地获取相应数据进行分析。以某抽油机为例，AIRIOT 可通过数据采集功能获取抽油机的示功图，如图 13-1 所示。示功图通常为一段封闭曲线，横坐标为抽油机驴头的位移，纵坐标为抽油机驴头载荷，反映了抽油机一次往复运动中载荷与位移的关系。每张示功图由 200 个数据点组成，除了位移和载荷外，还可以得到这次运动中抽油机的冲程、冲次、最大载荷、最小载荷等数据。

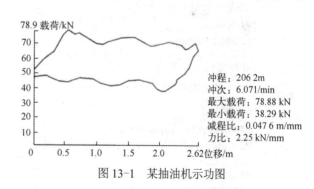

冲程：206 2m
冲次：6.071/min
最大载荷：78.88 kN
最小载荷：38.29 kN
减程比：0.047 6 m/mm
力比：2.25 kN/mm

图 13-1 某抽油机示功图

13.1.2 开发与加载分析程序

本节采用目前数据分析与人工智能领域最流行的工具 Python 进行数据分析，该语言是一种解释型、面向对象、动态数据类型的高级程序设计语言，具有语法简单、代码可读性高、容易入门等优点，在数据分析和交互、探索性计算、数据可视化、人工智能等方面拥有非常成熟的库和活跃的社区。在数据处理和分析方面，Python 拥有 numpy、pandas、matplotlib、scikit-learn 等一系列非常优秀的库和工具，在人工智能方面支持目前最热门的深度学习框架，如 PyTorch、Tensorflow、Caffe 等。下面以一个简单示例讲解如何将一个用 Python 语言写的服务部署到 AIRIOT 平台，读者可自行学习并编写数据分析程序。

1. 分析程序编写

创建文件 test.py 实现简单输出功能，代码如下，首先引入 numpy 包，然后输出字符串 "hello"。

```
import numpy as np
print("hello")
```

2. 导出第三方库

分析程序所有功能都完成后，使用 pip freeze > requirements.txt 命令将当前 Python 环境安装的第三方库导出为一个 requirements.txt 文件，方便复现代码运行环境，导出的 requirements.txt 文件内容如下，包含了 test.py 运行所需的所有库。

```
astroid==2.4.2
colorama==0.4.4
isort==5.6.3
lazy-object-proxy==1.4.3
mccabe==0.6.1
numpy==1.19.2
pylint==2.6.0
six==1.15.0
toml==0.10.1
wrapt==1.12.1
```

3. 编写 Dockerfile

Dockerfile 用于将分析程序打包成镜像以部署至 AIRIOT 平台。Dockerfile 程序如下。

```
#基础镜像
FROM python:3.7.6-slim

#创建工作目录
RUN mkdir /app
WORKDIR /app

#代码添加至工作目录
COPY test.py requirements.txt /app/

#安装支持
RUN pip install --upgrade pip
RUN pip install --no-cache-dir -r requirements.txt

#执行命令
CMD ["python", "test.py"]
```

4. 编译并保存镜像

（1）复制源码

将 test.py、Dockerfile 和 requirements.txt 文件复制至系统后台任意目录下。

（2）编译镜像

输入编译命令 "docker build -t test:v0.0.0 ." 编译文件，其中 "test:v0.0.0" 为应用名称和版本，其后的 '.' 表示编译至当前目录。

（3）保存镜像

输入保存命令 "docker save -o test.tar test:v0.0.0"，保存镜像，其中 "test.tar" 为保存镜像

名，"test:v0.0.0"为应用名称和版本，应与第
（2）步一致。保存镜像结果如图 13-2 所示，
当前目录下出现 test.tar 镜像文件。

图 13-2　保存镜像结果

5. 部署应用

将 test.tar 镜像文件复制至本地，进入 AIRIOT 后台，通过"服务管理"→"添加服务"将
开发的应用部署至平台，"添加服务"页面如图 13-3 所示，信息完成并上传镜像后，单击"保
存"按钮。查看服务日志如图 13-4 所示，表明服务已启动。

图 13-3　"添加服务"页面

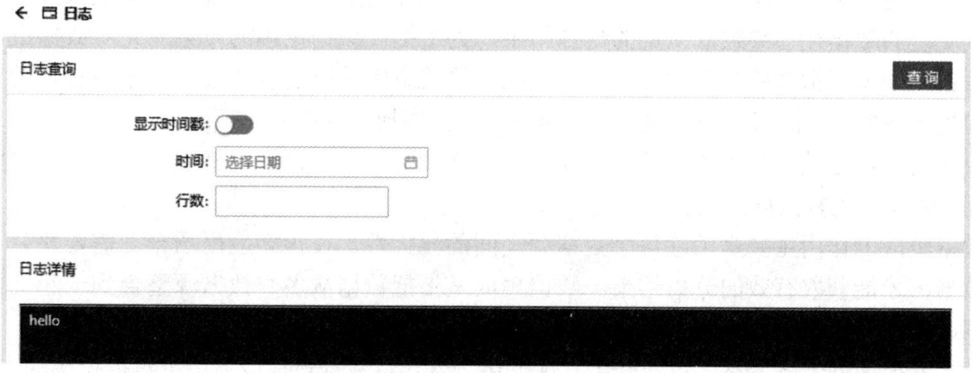

图 13-4　服务日志

13.1.3　结果输出与展示

　　编写分析程序时，可将分析结果保存至 AIRIOT 数据库，然后采用报表、画面等形式展示分析结果，某抽油机故障诊断结果如图 13-5 所示，采用画面形式显示了功图信息（包括资产编号、采集时间、冲次、冲程、诊断结果等）和示功图。用户可根据需求设计画面，显示分析结果。

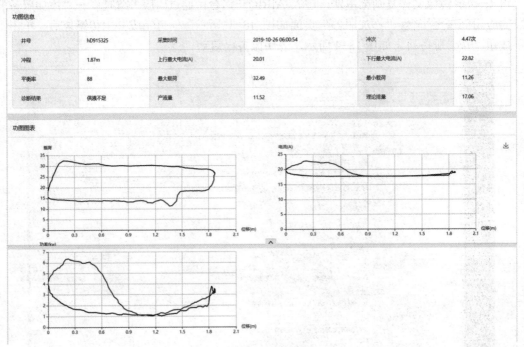

图 13-5　某抽油机故障诊断结果

13.2　机器学习与人工智能

13.2.1　数据预处理

1. 数据预处理概念

　　在真实应用中，数据集一般来自多个异构数据源，数据质量较差，通常表现为不完整（缺少某些感兴趣的属性值）、不一致（包含代码或者名称的差异）和易受噪声（错误或异常值）干扰。低质量的数据往往导致低质量的挖掘结果，为了提高数据挖掘的质量应先对数据进行预处理。数据预处理即指对所收集数据进行分类或分组前所做的审核、筛选、排序等必要的处理。常用的数据预处理方法有数据清理、数据集成、数据变换、数据归约等。

　　数据清理通过填写缺失值、数据去噪、识别或删除离群点以实现格式标准化、异常数据清除、错误纠正、重复数据清除等。

　　数据集成的作用主要是消除各个数据源之间的异构性。在很多应用场合，需要整合不同来源的数据，才能获取有效的分析结果，数据集成是指把数据从多个数据源整合到一起，提供一个观察这些数据的统一视图的过程。

　　数据变换通过平滑聚集、数据概化、规范化等方式将数据转换成适用于数据挖掘的形式。

　　数据归约是指在尽可能保持数据原貌的前提下，最大限度地精简数据量，常用的有特征规约、样本规约和特征值规约。对采用规约后的数据进行数据挖掘可以提高挖掘效率和精度。

这些数据处理技术在数据挖掘之前使用，大大提高了数据挖掘模式的质量，降低了实际挖掘所需要的时间，但实际中并非所有的预处理技术都会用到，用户可根据实际情况选择合适的方法进行数据预处理。

2．数据预处理实例

根据专家系统对所有诊断结果汇总，统计出所有诊断结果中共有 24 种工况，以及每种工况的总次数，由这些工况组成的诊断结果共 680 种。

加载工况汇总代码如下所示，汇总结果显示如图 13-6 所示。

```
import pandas as pd
total = pd.read_csv('D:\work\\功图分析\工况汇总.csv', header=None, encoding='gbk', names= ["ZDJG", "count"])
total.iloc[7, 0] = 'NULL' #这一行原本是 NULL，载入时读为 NaN
total.head(10)  #显示前 10 行
```

	ZDJG	count
0	严重供液不足;载荷传感器漂移	15371
1	供液不足;载荷传感器漂移	12004
2	泵正常工作	11599
3	载荷传感器漂移	10720
4	参数错误:冲程或位移（0.75-9）越界	9727
5	供液不足	9243
6	严重供液不足	8651
7	NULL	5195
8	游动凡尔严重漏失;载荷传感器漂移	3729
9	功图异常;严重供液不足;载荷传感器漂移	3064

图 13-6　汇总结果显示

考虑到不同工况之间的关联性，可以对工况做一些精简，以提高分类的准确度。同时，由于目前只有示功图的数据，而专家系统判断抽油井工况时还有可能参考抽油杆的材质与质量、抽油机工作的深度等无法获取的信息，因此还需要从所有诊断结果中去除不能通过当前数据判断的工况。

轮询所有诊断结果，统计任意两种工况在同一种诊断结果中一同出现的次数，可以得到一个 24×24 的表格。表格中每一行的数据除以对应工况出现的总次数，可以更直观地反映任意两种工况的相关性，工况相关性如图 13-7 所示。

	A	B	C	D	E	F	G	H	I	J	K	L	M
1		严重供液不	载荷传感器	供液不足	泵正常工作	参数错误:冲	NULL	游动凡尔严	功图异常	气体影响	固定凡尔漏	参数错误:	磨阻大
2	严重供液不足	0.2155099	0.6634446	0	0	0	0	0.0948134	0.1879827	0	0.0074735	0	0.0390115
3	载荷传感器漂移	0.3904069	0.1571479	0.2788202	0	0	0	0.1292512	0.1534537	0.03653	0.0459716	0	0
4	供液不足	0	0.5529713	0.2687231	0	0	0	0.0473311	0.1298116	0	0.0999244	0	0.0582044
5	泵正常工作	0	0	0	0.9811369	0	0	0	0	0	0	0	0
6	参数错误:冲程或	0	0	0	0	1	0	0	0	0	0	0	0
7	NULL	0	0	0	0	0	1	0	0	0	0	0	0
8	游动凡尔严重漏失	0.3518536	0.8151059	0.1505038	0	0	0	0.0764537	0.1296108	0.00684	0.0079504	0	0.0218175
9	功图异常	0.5004974	0.6943026	0.2961464	0	0	0	0.0929893	0.0084898	0.02368	0.0334947	0	0.0092857
10	气体影响	0	0.627866	0	0	0	0	0.0186445	0.0899471	0.25624	0.1022928	0	0.0196523
11	固定凡尔漏失	0.0473037	0.4944812	0.5419426	0	0	0	0.0135604	0.0796279	0.06402	0.1138442	0	0.1518448
12	参数错误:冲次（:	0	0	0	0	0	0	0	0	0	0	1	0
13	磨阻大	0.2805446	0	0.3586528	0	0	0	0.0422788	0.0250806	0.01397	0.1725188	0	0.1879255
14	游动凡尔漏失	0.3463642	0.6399635	0.2833705	0	0	0	0	0.2809398	0.02157	0.0653231	0	0.1047195
15	泵下碰	0.537482	0.9426987	0.1279524	0	0	0	0.1222017	0.3721503	0.00513	0.0135551	0	0.0063668
16	油井不出液	0	0	0	0	0	0	0	0.096181	0	0	0	0
17	参数错误:动液面	0.4370805	0.4786074	0.3401846	0.0935403	0	0	0.0402685	0.2667785	0.0432	0.0213926	0	0.0805369
18	泵上碰	0.3734397	0.9143551	0.2638696	0	0	0	0.1248266	0.2586685	0.0208	0.0211512	0	0
19	参数错误:杆径越	0	0	0	0	0	0	0	0	0	0	0	0
20	抽油杆断脱	0.3034188	0	0.3700855	0	0	0	0.0880342	0.5008547	0.00085	0.0222222	0	0
21	固定凡尔严重漏失	0	0.8694268	0.0573248	0	0	0	0.1035032	0.4697452	0.00159	0	0	0.0477707
22	油井出沙	0.5538972	0.8723051	0.0978441	0	0	0	0.0845771	0.6086235	0.00663	0.0414594	0	0.013267
23	泵筒弯曲或遇卡	0.2584148	0.9109663	0.204126	0	0	0	0.1693811	0.4288817	0.00217	0.0760043	0	0.0032573
24	严重气体影响	0	0.625	0	0	0	0	0	0.4285714	0	0.0178571	0	0
25	空	0	0	0	0	0	0	0	0	0	0	0	0

	A	N	O	P	Q	R	S	T	U	V	W	X	Y
1		游动凡尔漏	泵下碰	油井不出	参数错误:动	泵上碰	参数错误	抽油杆断	固定凡	油井出沙	泵筒弯曲	严重气体	空
2	严重供液不足	0.0851975	0.06519	0	0.0259578	0.0268298	0	0.00884	0	0.0083	0.00593	0	
3	载荷传感器漂移	0.0926322	0.06729	0	0.0167263	0.0386566	0	0	0.008	0.0077	0.0123	0.0005	
4	供液不足	0.0813467	0.01811	0	0.0235783	0.0221247	0	0.01259	0.001	0.0017	0.00547	0	
5	泵正常工作	0	0	0	0.0188631	0	0	0	0	0	0	0	
6	参数错误:冲程或	0	0	0	0	0	0	0	0	0	0	0	
7	NULL	0	0	0	0	0	0	0	0	0	0	0	
8	游动凡尔严重漏失	0	0.05501	0	0.0088749	0.0332809	0	0.00952	0.006	0.0047	0.01442	0	
9	功图异常	0.1839889	0.12018	0.00451	0.0421835	0.0494793	0	0.03887	0.02	0.0243	0.0262	0.0016	
10	气体影响	0.0536659	0.0063	0	0.0259511	0.0151172	0	0.00025	3E-04	0.001	0.0005	0	
11	固定凡尔漏失	0.1017029	0.01041	0	0.0080416	0.0096184	0	0.0041	0	0.0039	0.01104	0.0002	
12	参数错误:冲次（:	0	0	0	0	0	0	0	0	0	0	0	
13	磨阻大	0.1852383	0.00555	0	0.0343963	0	0	0	0.005	0.0014	0.00054	0	
14	游动凡尔漏失	0.0368645	0.14148	0	0.0252177	0.1217338	0	0.09864	0.028	0.014	0.04112	0.0067	
15	泵下碰	0.2869172	0.01417	0.0078	0.0250565	0.0934483	0	0.00041	0.016	0.0437	0.08338	0.0006	
16	油井不出液	0	0.05375	0.83876	0.0014144	0.0367751	0	0	0	0.024	0.00707	0	
17	参数错误:动液面	0.1044463	0.05117	0.00042	0	0.0251678	0	0.04698	0.008	0.0021	0.00294	0	
18	泵上碰	0.4167822	0.15777	0.00902	0.0208044	0.007975	0	0.00104	0.027	0.0173	0.17268	0.0052	
19	参数错误:杆径越	0	0	0	0	0	1	0	0	0	0	0	
20	抽油杆断脱	0.8324786	0.00171	0	0.0957265	0.0025641	0	0.01453	0.015	0.0291	0	0.0111	
21	固定凡尔严重漏失	0.4458599	0.1242	0	0.0286624	0.1242038	0	0.02707	0.04	0.0478	0.10032	0	
22	油井出沙	0.2288557	0.35323	0.02819	0.0082919	0.0829187	0	0.05638	0.05	0.0017	0.04312	0	
23	泵筒弯曲或遇卡	0.4408252	0.44083	0.00543	0.0076004	0.5407166	0	0	0.066	0.0282	0.0456	0	
24	严重气体影响	1	0.05357	0	0	0.2678571	0	0.23214	0	0	0	0	
25	空	0	0	0	0	0	0	0	0	0	0	0	

图 13-7　工况相关性

通过工况相关性表格可以分析出以下几种情况。

1）"参数错误：冲程或位移（0.75-9）越界""NULL""参数错误：冲次（1-12）越界""参数错误：杆径越界""空"这 5 种工况总是单独出现。

2）供液不足与严重供液不足、气体影响与严重气体影响、游动凡尔漏失和游动凡尔严重漏失、固定凡尔漏失和固定凡尔严重漏失是互斥的，不同时出现，说明判断时会根据严重程度做二选一。

3）部分工况无法通过现有数据判断。

基于上述分析，对诊断结果做出如下处理。

1）去除空、Null 这两个无效标签。

2）去除"参数错误：动液面值小于 0 或大于泵深""参数错误：杆径越界""功图异常""载荷传感器漂移"这 4 个无法通过当前数据判断的标签。

3）去除"参数错误：冲程或位移（0.75-9）越界""参数错误：冲次（1-12）越界"两个标签，在实际判断中可以通过数据直接得出结论。

4）将带有"严重"的标签合并，共 4 种。

经上述处理后，可以减少 12 个标签，保留 12 个标签，每种标签对应一种工况，处理后的工况相关性表格如图 13-8 所示，共有供液不足、泵正常工作、游动凡尔漏失、气体影响、固定凡尔漏失、磨阻大、泵下碰、泵上碰、抽油杆断脱、油井不出液、泵筒弯曲或遇卡和油井出沙 12 种工况。

	供液不足	泵正常工作	游动凡尔漏失	气体影响	固定凡尔漏失	磨阻大	泵下碰	泵上碰	抽油杆断脱	油井不出液	泵筒弯曲或遇卡	油井出沙
供液不足	0.728957	0.0	0.156323	0.000000	0.050618	0.047868	0.043468	0.024659	0.010572	0.000000	0.005715	0.005272
泵正常工作	0.000000	1.0	0.000000	0.000000	0.000000	0.000000	0.000000	0.000000	0.000000	0.000000	0.000000	0.000000
游动凡尔漏失	0.563143	0.0	0.305640	0.016577	0.052003	0.061379	0.096274	0.075492	0.052052	0.000000	0.027162	0.009134
气体影响	0.000000	0.0	0.085217	0.792298	0.101366	0.019379	0.006957	0.018634	0.003478	0.000000	0.000497	0.000994
固定凡尔漏失	0.541320	0.0	0.154376	0.058537	0.243329	0.142468	0.020660	0.019943	0.006169	0.000000	0.019082	0.007891
磨阻大	0.639197	0.0	0.227517	0.013973	0.177893	0.193479	0.005554	0.000000	0.000000	0.000000	0.000537	0.001433
泵下碰	0.665434	0.0	0.409119	0.005751	0.029575	0.006367	0.202916	0.093448	0.000411	0.007804	0.083385	0.043746
泵上碰	0.637309	0.0	0.541609	0.026006	0.048197	0.000000	0.157767	0.074202	0.001040	0.009015	0.172677	0.017337
抽油杆断脱	0.673504	0.0	0.920513	0.011966	0.036752	0.000000	0.001709	0.002564	0.033333	0.000000	0.000000	0.029060
油井不出液	0.000000	0.0	0.000000	0.000000	0.000000	0.000000	0.053748	0.036775	0.000000	0.891089	0.007072	0.024045
泵筒弯曲或遇卡	0.462541	0.0	0.610206	0.002172	0.144408	0.003257	0.440825	0.540717	0.000000	0.005429	0.163952	0.028230
油井出沙	0.651741	0.0	0.313433	0.006633	0.091211	0.013267	0.353234	0.082919	0.056385	0.028192	0.043118	0.086235

图 13-8　处理后工况相关性

13.2.2　模型训练

1．机器学习常用模型介绍

机器学习的本质是通过建立映射关系解决回归和分类问题，回归和分类的区别在于输出变量的类型，定量输出为回归，定性输出为分类，如预测明天的气温是多少度为回归，预测明天是阴、晴、雨等为分类。目前工业中分类问题常用的机器学习模型有 K 近邻法、朴素贝叶斯法、支持向量机等方法，下面简要介绍其原理、优缺点及适用场景。

（1）K 近邻法

K 近邻法是一个理论上比较成熟的方法，也是最简单的机器学习算法之一，其原理是给定一个训练数据集，对新的输入实例，在训练数据集中找到与该实例最邻近的 K 个实例（也就是上面所说的 K 个邻居），这 K 个实例的多数属于某个类，就把该输入实例分类到这个类中。

K 近邻法的优点是简单好用，容易理解，精度高，理论成熟，对异常值不敏感，无须输入数据假定，既可以用来做分类也可以用来做回归，缺点是计算复杂度高，空间复杂度高，无法给出数据的内在含义。

K 近邻法比较适用于样本容量比较大的类域的自动分类，而那些样本容量较小的类域采用这种算法比较容易产生误分。

（2）朴素贝叶斯法

朴素贝叶斯是以贝叶斯定理为基础并且假设特征条件之间相互独立的方法，先通过已给定的训练集，以特征词之间独立作为前提假设，学习从输入到输出的联合概率分布，再基于学习到的模型，利用输入值求出使得后验概率最大的输出，该输出即为最终预测类别。

朴素贝叶斯算法的逻辑简单，算法较稳定，健壮性较好，当数据集属性之间的关系相对比较独立时，朴素贝叶斯分类算法会有较好的效果。然而，数据集属性的独立性在很多情况下是很难满足的，因为数据集的属性之间往往都存在着相互关联，如果在分类过程中出现这种问题，会导致分类的效果大大降低。

（3）支持向量机

支持向量机是一种基于统计学习理论的新型学习机，是效果最好的现成可用的分类算法之一。支持向量机的基本思想是把分类问题转化为寻找分类平面的问题，并通过最大化分类边界点距离分类平面的距离来实现分类。

支持向量机可以解决小样本下机器学习的问题，具有较强的泛化能力，可以解决高维非线性问题，但其对缺失数据比较敏感，内存消耗大，参数调整不便。

2．特征提取与选取

特征作为机器学习模型的输入，直接影响模型的预测性能，因此在进行分类之前首先要进行特征提取和选取，特征提取是通过现有特征集进行计算变换去除冗余的过程，特征选择是从原有数据中选择有用特征，经过特征提取与选取后的特征可作为模型输入，训练模型。

以抽油机状态分类为例，每张抽油机示功图包含 200 个数据点，加上冲程和冲次共计 402 个数据，直接用这 402 个数据作为特征训练模型是不可取的，这样做既需要大量的时间训练模型，通常也不能保证训练误差会收敛，得到一个可以预测的模型。一般情况下，可采用主成分分析等方法对数据进行降维，以减少特征数，提高分类准确度。但由于不同工况的示功图有不同特点，因此，可以利用示功图数据进行计算，提取示功图特征，利用示功图特征训练模型。

抽油机状态分类常用的特征包括冲程、冲次、泵效、上下冲程载荷差、灰度矩阵特征值、不变矩参数等。不变矩参数具有对平移、放缩、旋转和翻转操作的不变性，因此本例中提取 7 个不变矩参数特征，选取冲程和冲次 2 个特征，共 9 个特征作为模型输入。

不变矩参数计算代码如下所示。

```python
import numpy as np

def uij(x, y, i, j, weight):
    return np.sum(x ** i * y ** j * weight)

# xs, ys 分别为图像的横、纵坐标
def invariants(xs, ys):
    x = np.diff(xs, append=xs[0])
```

```
y = np.diff(ys, append=ys[0])
delta_l = np.sqrt(x ** 2 + y ** 2)

x_bar = np.sum(xs * delta_l) / np.sum(delta_l)
y_bar = np.sum(ys * delta_l) / np.sum(delta_l)

u00 = np.sum(delta_l)
# e00 = 1
# e10 = 0
# e01 = 0
e11 = uij(xs - x_bar, ys - y_bar, 1, 1, delta_l) / u00 ** 3
e20 = uij(xs - x_bar, ys - y_bar, 2, 0, delta_l) / u00 ** 3
e02 = uij(xs - x_bar, ys - y_bar, 0, 2, delta_l) / u00 ** 3
e30 = uij(xs - x_bar, ys - y_bar, 3, 0, delta_l) / u00 ** 4
e03 = uij(xs - x_bar, ys - y_bar, 0, 3, delta_l) / u00 ** 4
e12 = uij(xs - x_bar, ys - y_bar, 1, 2, delta_l) / u00 ** 4
e21 = uij(xs - x_bar, ys - y_bar, 2, 1, delta_l) / u00 ** 4

phi1 = e20 + e02
phi2 = (e20 - e02) ** 2 + 4 * e11 ** 2
phi3 = (e30 - 3 * e12) ** 2 + (3 * e21 - e03) ** 2
phi4 = (e30 + e12) ** 2 + (e21 + e03) ** 2
phi5 = (e30 - 3 * e12) * (e30 + e12) * ((e30 + e12) ** 2 - 3 * (e21 + e03) ** 2) + \
    (3 * e21 - e03) * (e21 + e03) * (3 * (e30 + e12) ** 2 - (e21 + e03) ** 2)
phi6 = (e20 - e02) * ((e30 + e12) ** 2 - (e21 + e03) ** 2) + \
    4 * e11 * (e30 + e12) * (e21 + e03)
phi7 = (3 * e21 - e03) * (e30 + e12) * ((e30 + e12) ** 2 - 3 * (e21 + e03) ** 2) - \
    (3 * e12 - e30) * (e03 + e21) * ((e03 + e21) ** 2 - 3 * (e12 + e30) ** 2)

return np.log10(np.abs([phi1, phi2, phi3, phi4, phi5, phi6, phi7]))
```

13.2.3　模型建立

1. 模型选取

传统的机器学习分类问题都是用特征来预测样本所属的类别，如手写数字图像分类问题就是判断图像代表的是 0～9 中的哪个数字，此时只用判断一个标签。但抽油机原始数据的诊断结果中是可以有多种工况的，比如从一张示功图可以诊断出抽油机有一种或者多种异常工况，即抽油机状态分类是一个多标签分类问题，传统的分类算法无法直接运用。

与传统的分类问题相比，多标签分类问题的输出空间呈指数级增长。目前的解决方法是通过分析多个标签的关联性来降低空间复杂度，如果标签之间是互相独立的，则可以把多标签分类问题转化成多个传统的分类问题分别处理；如果标签两两相关，可考虑标签之间的成对关系，例如相关标签与不相关标签之间的排序，来解决多标签分类问题；如果多个标签之间相关，可考虑标签之间的高阶关系，例如将所有其他标签的影响施加到每个标签上，或寻址随机子集之间的联系标签来解决多标签分类问题。

根据处理后的工况相关性可以看出，大多数标签之间的关联性较低，因此可采用第一种方法，即假设多个标签之间是独立的，将多标签分类问题转化为多个传统分类问题，然后使用支持向量机进行分类。

2．模型训练

模型训练即利用已知数据（包括输入特征和输出标签）寻找模型参数的过程，最终搜索到的映射被称为训练出来的模型。一般模型训练步骤是将已有数据集分为训练数据和测试数据，利用训练数据训练模型，然后利用测试数据测试验证模型分类性能，通常情况下测试数据占全部数据的 30%～40%。

以抽油机为例，现在获取了 1000 条示功图数据及其诊断结果，则取其中 700 条作为训练数据，其余 300 条作为测试数据，模型训练步骤如下。

（1）获取特征

对于全部 1000 条数据，提取 7 个不变矩特征，选取冲程和冲次两个特征，一起构成样本的特征，即每条数据有 9 个特征。

（2）选择损失函数

对数损失函数可以度量两个分部之间的相似性，是分类问题中常用的损失函数，对于多标签问题同样有效，因此取对数损失函数作为损失函数。

（3）选择核函数

支持向量机常用的核函数有线性核函数、多项式核函数、径向基核函数等，选择不同核函数时分类性能不同，经试验选取径向基核函数作为核函数时，模型训练效果最好。

选择确定好模型后，模型代码如下所示。

```python
from sklearn.multiclass import OneVsRestClassifier
from sklearn.svm import SVC, LinearSVC
from sklearn.metrics import log_loss


# 观察模型误差
#cls 为模型，x1，y1 分别为训练数据的特征与标签，x2，y2 分别为测试数据的特征与标签
def report(cls, x1, y1, x2, y2):
    print(cls.score(x1, y1)) # 模型的分数，在多标签分类问题中，代表所有标签都正确预测的概率
    print(cls.score(x2, y2))
    print(log_loss(y1, cls.predict_proba(x1))) # 训练数据的 log-loss
    print(log_loss(y2, cls.predict_proba(x2))) # 测试数据的 log-loss


# 模型定义：使用支持向量机为分类器，rbf 为核函数，设定最大迭代次数为 10000
rbf_svc = OneVsRestClassifier(SVC(kernel='rbf', probability=True, random_state=1, max_iter=10000))
# 训练模型
rbf_svc.fit(train_X, train_y)
# 观察模型误差
report(rbf_svc, train_X, train_y, test_X, test_y)
```

（4）观察训练和测试结果

观察训练和测试结果及训练和训练过程中的损失，看是否出现过拟合现象，如果训练和测试结果相近，表明未出现过拟合，否则出现过拟合。出现过拟合时训练损失小，分类结果准确率高，但测试损失大，分类结果较差，此时可采用交叉验证法进行参数调优。

13.2.4 智能诊断

将训练好的模型导出，再进行应用时直接导入训练好的模型，避免再次训练。结合训练好的模型，编写智能诊断应用程序，并将应用部署至平台即可实现设备工况智能诊断，抽油机工况智能诊断结果示例如图 13-9、图 13-10 和图 13-11 所示。图 13-9 诊断工况为游动凡尔漏失和摩阻大，图 13-10 诊断工况为泵下碰，图 13-11 诊断工况为气体影响。

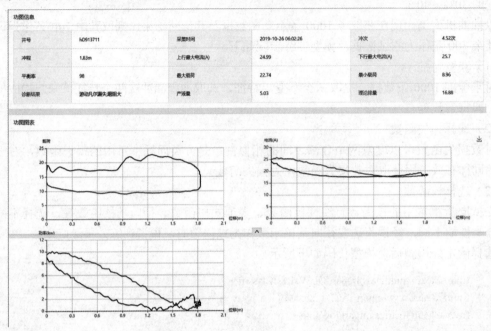

图 13-9　抽油机工况智能诊断结果示例 1

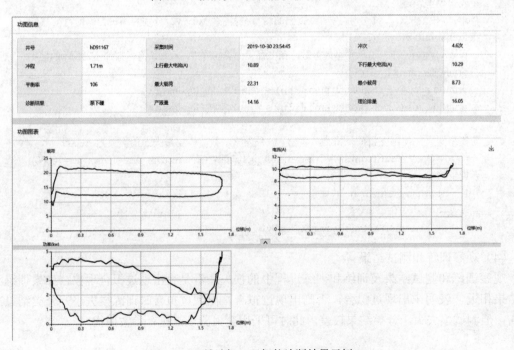

图 13-10　抽油机工况智能诊断结果示例 2

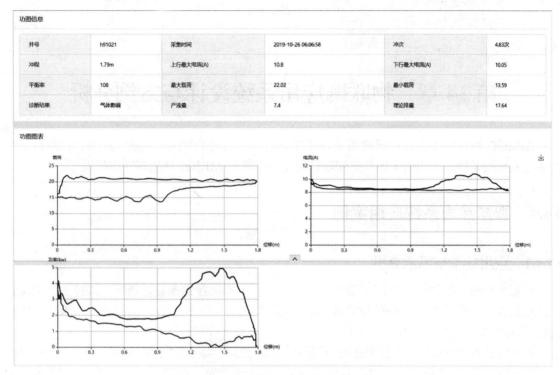

图 13-11　抽油机工况智能诊断结果示例 3

13.3　实践作业

1. 给定一定量数据，开发计算程序进行分析，并将结果输出到数据库。
2. 给定一定量带标签的数据，训练出模型，对未带标签数据进行诊断。

第14章 物联网应用系统设计与案例分析

AIRIOT 物联网平台已广泛应用于各行各业，本章通过智慧热力系统、环保监控系统和采油井远程监控系统 3 个应用案例从实际项目角度介绍基于 AIRIOT 的物联网应用设计。

14.1 智慧热力系统应用案例

14.1.1 应用场景与需求分析

在寒冷冬日，我国北方地区多采用集中供热，不少地区经常面临供热不足或过热的情况，往往会造成大量资源浪费，通过智慧热力系统对热网进行智能化监控，由用户自主调控，将极大提升资源利用率。

城市供热系统由热源、热力管网和热能用户三部分组成，城市供热系统利用集中热源，通过热力管网向热能用户供应热能。热力管网通常由一次供回水管路、温控阀、换热器、二次供回水管路、循环泵、补水箱、补水泵等设备构成。热源产生的一次高温水经过一次供水管路进入换热器，换热器对二次回水或冷水加热后，作为供给小区的二次热水，经小区家庭取暖装置循环后变成二次回水，二次回水经换热器和一次回水管路返回热源，实现热能循环。一次供回水管路加装有温控阀、温度变送器、压力变送器和流量变送器。为了给二次回路增压，在二次循环网中加有变频器驱动的循环增压泵。由于供暖中必然存在少量水损，所以必须进行适量补水，为此在循环增压泵之前和储水箱之间加有变频补水泵，以稳定二次供暖回路的压力。同时在二次管网中还装有温度变送器和压力变送器。本智慧热力系统主要实现热力管网监控及热能用户热能计量，具体功能如下。

（1）权限管理

不同人员具有不同的权限，所有人员可通过统一入口登录平台，但平台提供的信息不同。

热力管网人员系统首页如图 14-1 所示，主页显示所有统计系统，系统主菜单包括用户管理、热管网参数、楼栋计量参数和用户计量参数。"用户管理"可添加、删除和修改用户信息。"热管网参数"可监控所有小区热力管网状态。"楼栋计量参数"可查看所有小区所有楼栋供热状态。"用户计量参数"可查看所有用户供热状态。

小区物业人员系统首页如图 14-2 所示，主页显示小区管网状态，系统菜单包括热管网参数、楼栋计量参数和用户计量参数。"热管网参数"可监控本小区热力管网状态。"楼栋计量参数"可查看本小区所有楼栋供热状态。"用户计量参数"可查看本小区所有用户供热状态。

热能用户系统首页如图 14-3 所示，主页显示供热信息，系统只有 1 个菜单，即物业，用于反馈供热问题。

（2）热力管网监控

通过画面显示热力管网各参数，并能够远程控制温控阀、循环泵和补水泵运行状态，热力管网监控画面如图 14-4 所示，画面实时显示各参数，单击可控设备⬚图标，弹出控制选项卡，可设置控制参数。

图 14-1　热力管网人员系统首页

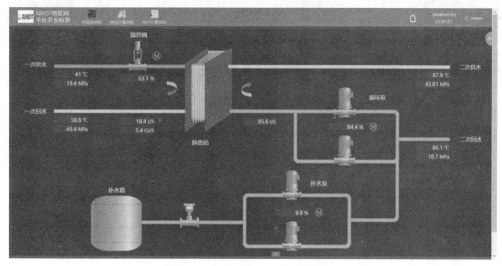

图 14-2　小区物业人员系统首页

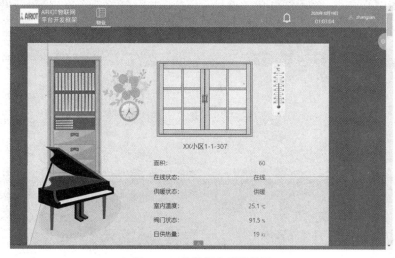

图 14-3　热能用户系统首页

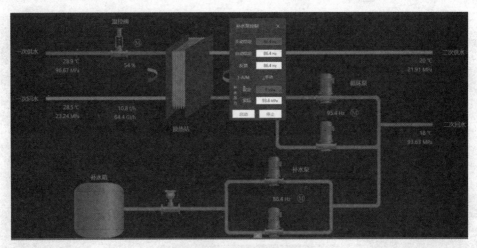

图 14-4　热力管网监控画面

（3）热力计量

通过卡片或表格显示楼栋及用户计量，具有数据历史数据分析功能。楼栋计量和用户计量分别如图 14-5 和图 14-6 所示，默认为卡片显示，可选择为列表显示，单击数据可查看历史数据。

图 14-5　楼栋计量

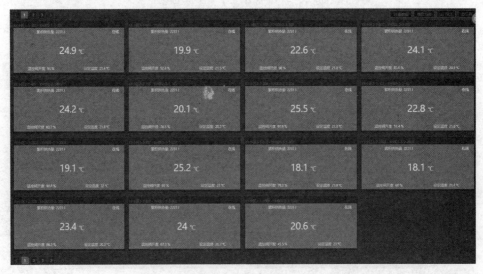

图 14-6　用户计量

14.1.2 应用方案设计

1．整体方案

根据以上需求，智慧热力系统的整体方案如图 14-7 所示，主要由用户管理、管网监控、楼栋计量和用户计量四大功能组成。有热网管理人员、小区物业和小区业主三种角色，不同角色所拥有的功能不同，热网管理人员角色拥有所有功能，小区物业拥有管网监控和楼栋计量功能，小区业主只有用户计量功能。

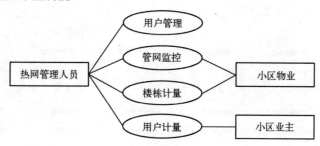

图 14-7 智慧热力系统的整体方案

2．数据采集

根据需求分析和整体方案，智慧热力系统数据采集信息见表 14-1，包括热力管网数据、楼栋数据及用户数据。

表 14-1 智慧热力系统数据采集信息

信息源	数据点
热力管网	参数：一次供水温度、一次回水温度、二次供水温度、二次回水温度、一次供水压力、一次回水压力、二次供水压力、二次回水压力、换热站数量、循环泵频率、补水泵频率、温控阀开度、一次网流量、二次网流量、一次热负荷、负荷设定、补水压力设定、热负荷 指令：温控阀开度设定、循环泵设定、补水泵设定、补水压力设定
楼栋	参数：供水温度、回水温度、供水流量、累计热量、平均室温、供水压力、回水压力、供水阀开度
用户	参数：室内温度、累计供热量、温控阀开度、设定温度

14.1.3 应用实现

1．添加模型与资产

根据方案设计，首先添加模型并配置数据点，模型结构如图 14-8 所示，根据表 14-1 配置相应模型数据点。

图 14-8 模型结构

以热力管网为例，设备配置如图 14-9 所示，为了演示，这里设备驱动为"测试驱动"，实际应用中可选择对应驱动。"参数列表"中添加所有数据点，"画面设置"中添加热力管网监控画面（见图 14-4）。

模型添加完成后，在各模型下添加相应资产，每个模型下可能有多个资产，可根据实际情况对个别资产进行二次配置，以热力管网为例，热力管网资产如图 14-10 所示，资产较多时可

211

通过导入资产批量添加。

图 14-9　设备配置

图 14-10　热力管网资产

2. 权限管理

权限管理包括部门管理、角色管理和用户管理，通过权限管理可实现不同登录用户登录系统时具有不同功能。

1）部门管理设置了热网部门、小区物业和热能用户 3 个部门，以热网部门为例，热网部门信息如图 14-11 所示，其中资产管理包括了热管网 4 个资产、楼栋计量 6 个资产和用户计量 31 个资产。

基本信息

* 部门名称：	热网部门
* 部门编号：	RW01
所属部门：	请选择部门 ∨
用户列表：	admin ✕　小明 ✕　user2 ✕　admin1 ✕　user1 ✕　user ✕　user3 ✕　reli ✕
资产管理：	热管网(4)　楼栋计量(6)　用户计量(31)

保存　取消

图 14-11　热网部门信息

2）角色管理设置了热网管理员、热能用户和物业管理员 3 个角色，以热网管理员为例，热网管理员设置如图 14-12 所示，该角色拥有所有权限。

基本信息　前台系统菜单　首页画面设置

* 名称：	热网管理员
* 描述：	热网维护
用户列表：	admin ✕　reli ✕

角色权限：

资产、设备相关　功能模块　系统相关　权限相关　业务相关　工作表　报表　其他

☑ 全选

☑ 模型　　　　☑ 查看 ☑ 创建 ☑ 修改 ☑ 删除

☑ 资产　　　　☑ 查看 ☑ 创建 ☑ 修改 ☑ 删除

☑ 资产变更记…　☑ 查看 ☑ 创建 ☑ 修改 ☑ 删除

☑ 设备操作　　☑ 执行指令

☑ 开发调试　　☑ 设备调试 ☑ 时间分析

保存　取消

图 14-12　热网管理员设置

3）用户管理添加了 reli（热网管理员）、xxwuye（物业管理员）和 zhangsan（热能用户）3 个用户，以 reli 为例，reli 基本信息如图 14-13 所示，用户角色为热网管理员，用户所属部门为热网部门。reli 前台系统菜单如图 14-14 所示，添加了用户管理、热管网参数、楼栋计量参数和用户计量参数 4 个系统菜单。将提前设计好的热网用户首页画面设置为用户 reli 的首页画面，热网用户首页画面设计如图 14-15 所示。

基本信息　前台系统菜单　首页画面设置

* 用户名：	reli
* Email：	
电话：	
用户角色：	热网管理员 ✕
用户所属部门：	热网部门 ✕
密码：	修改密码

保存　取消

图 14-13　reli 基本信息

基本信息   前台系统菜单   首页画面设置

图 14-14   reli 前台系统菜单

图 14-15   热网用户首页画面设计

14.2   环保监控系统应用案例

14.2.1   应用场景与需求分析

工业炉窑是指在工业生产中利用燃料燃烧或电能等转换产生的热量，将物料或工件进行熔炼、熔化、焙（煅）烧、加热、干馏、气化等的热工设备，包括熔炼炉、熔化炉、焙（煅）烧炉（窑）、加热炉、热处理炉、干燥炉（窑）、焦炉、煤气发生炉等八类。工业炉窑广泛应用于钢铁、焦化、有色、建材、石化、化工、机械制造等行业，对工业发展具有重要支撑作用，同时，也是工业领域大气污染的主要排放源。实施工业炉窑升级改造，配套建设高效脱硫脱硝除尘设施，搭建环保监控系统，确保稳定达标排放和深度治理是打赢蓝天保卫战的重要措施，也是推动制造业高质量发展、推进供给侧结构性改革的重要抓手。

环保监控系统总体需求是可以全程监控脱硫、脱硝和除尘设施的运转情况，实时显示硫化物、氮氧化物和粉尘的排放量，并能实现排放自动控制。具体需求如下。

1）实时获取脱硫、脱硝和除尘设施的各项参数。

2）构建脱硫、脱硝和除尘工艺流程图，实现动态监控。

3）炉窑总排历史数据及实时数据分析。

14.2.2　应用方案设计

1．整体方案

根据以上需求，结合环保设备，环保监控系统方案如图 14-16 所示，主要由 7 个流程画面构成，包括环保监控系统整体流程、脱硫系统流程、脱硝系统流程（包括 SCR 系统、SNCR 系统和 LNB 系统）、除尘系统流程和总排数据监测。

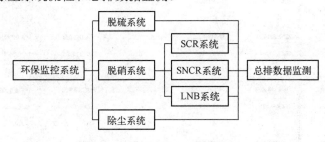

图 14-16　环保监控系统方案

2．数据采集

环保设备数据的实时采集至关重要，根据环保设备实际情况，环保监控系统数据采集信息见表 14-2。

表 14-2　环保监控系统数据采集信息

信息源		数据点
脱硝系统	SNCR	溶解罐温度、储存罐温度、溶解罐液位、储存罐液位、尿素溶液压力、压缩空气压力、除盐水压力、混合溶液压力、尿素溶液流量、除盐水流量、混合溶液流量、输送泵频率、输送泵电流等
	SCR	催化剂前烟温、催化剂后烟温、催化剂前烟压、催化剂后烟压、氨水溶液压力、压缩空气压力、氨水罐液位、稀释罐液位、氨水溶液流量、输送泵频率、输送泵电流等
	LNB	烟循环阀开度、NO_x 折算值
脱硫系统		循环泵频率、循环泵电流、曝气风机频率、曝气风机电流、工艺水流量、石灰浆液流量、循环池 PH、喷淋状态、曝气状态等
除尘系统		压缩空气压力、除尘器进口烟压、除尘器出口烟压、除尘器差压、螺旋输送机状态、卸料器状态、振打器状态等

14.2.3　应用实现

1．添加模型与资产

根据系统方案，首先添加模型并配置数据点，模型主要由脱硫系统、脱硝系统、除尘系统和总排模型构成，根据表 14-2 配置相应数据点。以 SNCR 为例，SNCR 数据点配置如图 14-17所示，为了演示，这里设备驱动为"测试驱动"，实际应用中可选择对应驱动。模型添加完成后，在各模型下添加相应资产，每个模型下可能有多个资产，可根据实际情况对个别资产进行二次配置。

图 14-17　SNCR 数据点

2．流程图画面设计

根据环保监控的功能，设计环保监控系统整体流程、脱硫系统流程、脱硝系统流程、除尘系统流程和总排数据监测画面，通过画面直观显示各参数及功能。环保监控系统整体流程画面如图 14-18 所示，同时该画面作为系统主页。画面采用 3D 模型动态实时显示脱销、脱硫和除尘设备运转情况。SNCR 流程画面、SCR 流程画面、LNB 流程画面、脱硫流程画面、除尘流程画面和总排数据监测画面分别如图 14-19、图 14-20、图 14-21、图 14-22、图 14-23 和图 14-24 所示。

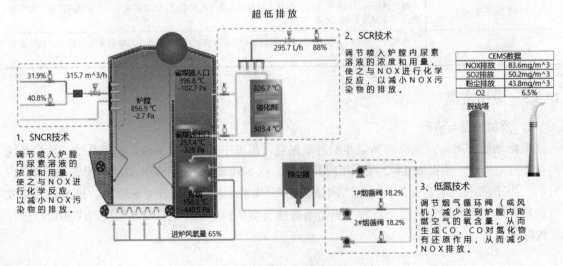

图 14-18　环保监控系统整体流程画面

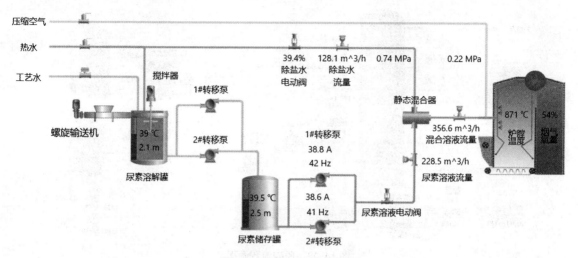

图 14-19　SNCR 流程画面

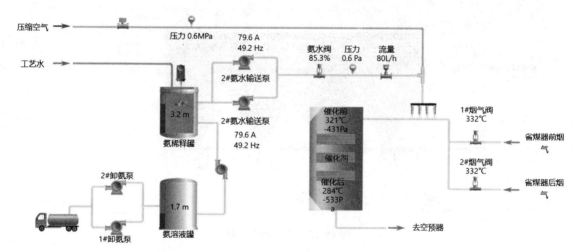

图 14-20　SCR 流程画面

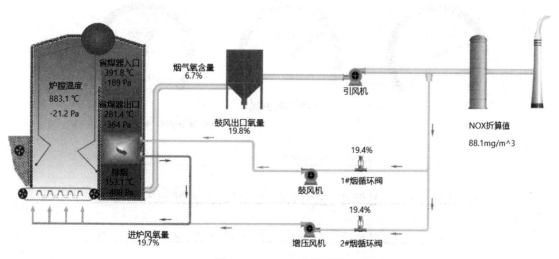

图 14-21　LNB 流程画面

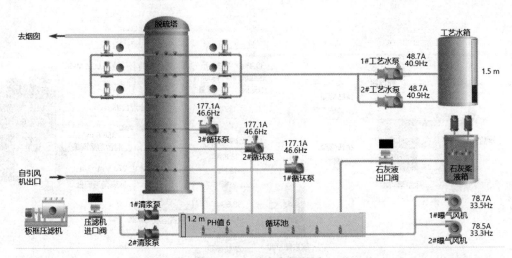

图 14-22　脱硫流程画面

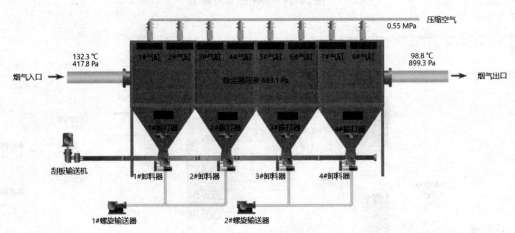

图 14-23　除尘流程画面

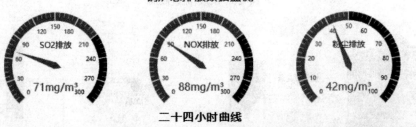

图 14-24　总排数据监测画面

14.3　采油井远程监控系统应用案例

14.3.1　应用场景与需求分析

随着科技的发展，物联网信息化技术已经应用到工业生产的方方面面，油田行业的信息化建设，不仅提高了设备、设施的安全性，还大大提高了生产效率、解放了人力。设计采油井远程监控系统，可实现采油机的远程起、停控制，并能实时监测采油机的运行状态，及时发现设备故障并自动报警。通过对油气生产中的电参数、功图信息、油井参数的实时采集，实现对油气田油井温度、压力、电流等参数的日常生产运行状态的综合监控、运行调度、生产指令收发，提高生产运行指挥协调效率，保障生产安全运行。

14.3.2　应用方案设计

根据需求分析，采集相应数据，并设计流程画面进行显示即可。采油井远程监控系统数据采集信息见表 14-3。

表 14-3　采油井远程监控系统数据采集信息

信息源	数据点
电参数	三相电压、三相电流、有功功率、无功功率、功率因数
功图信息	冲程、冲次、载荷
油井参数	油温、回压、套压、油压

14.3.3　应用实现

1．添加模型与资产

根据方案设计，首先添加模型并配置数据点，模型结构如图 14-25 所示，根据表 14-3 配置相应模型数据点。

图 14-25　模型结构

下面以采油井配置为例说明设计过程，采油井基本配置如图 14-26 所示，用于设置采油井数据点信息，配置起停井指令，实现采油井远程起停控制。采油井计算节点配置如图 14-27 所示，配置了设备本身不具备的数据点，如运行时长、理论排量、产液量质量等，以及统计数据如产量平均值、电流平均值等，6 小时前电流平均值配置如图 14-28 所示。"参数列表"中参数显示列添加所关心的数据点。报警配置如图 14-29 所示,配置了采油井压力报警、采油井温度报警、自动化设备故障报警等多种报警规则,采油井压力超过 0.5MPa 报警规则的报警逻辑设置如图 14-30 所示。"属性配置"如图 14-31 所示,添加了资产属性、采集时间、产液量等属性。"地理信息"配置中经度数据点和纬度数据点分别为采油井基本配置中的井经度和井纬度。

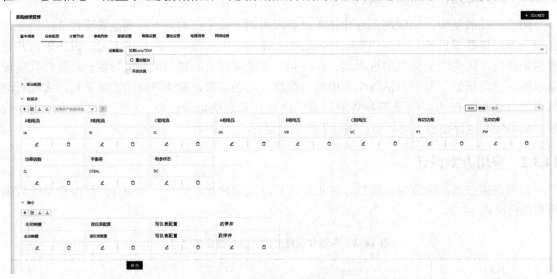

图 14-26　采油井基本配置

图 14-27　采油井计算节点配置

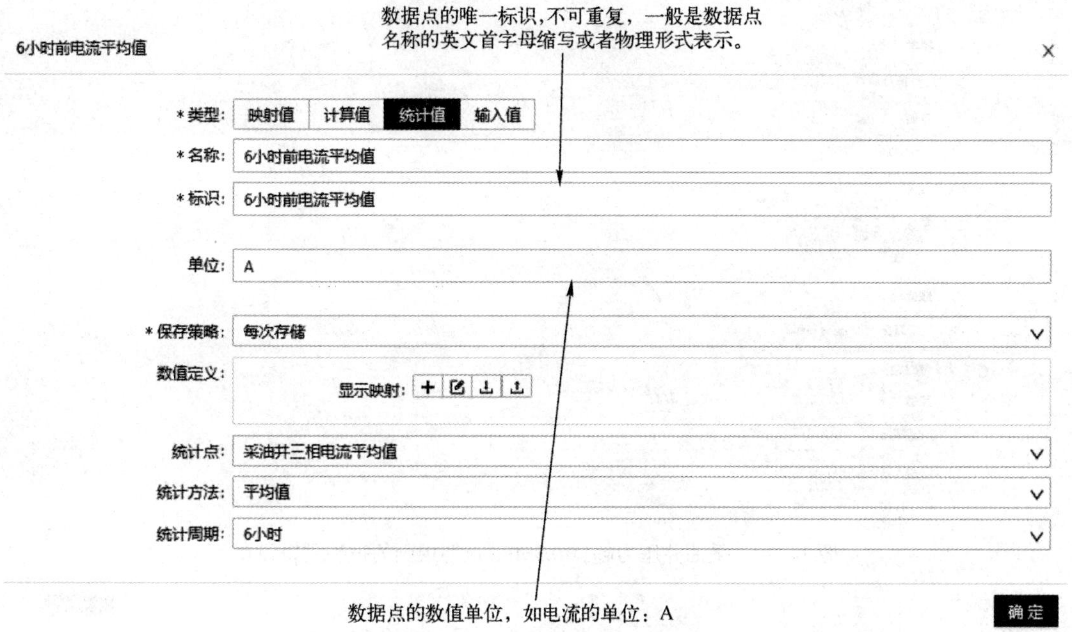

数据点的唯一标识,不可重复,一般是数据点
名称的英文首字母缩写或者物理形式表示。

6小时前电流平均值　　　　　　　　　　　　　　　　　　　　　　　　　　×

* 类型:　　映射值　　计算值　　**统计值**　　输入值

* 名称:　6小时前电流平均值

* 标识:　6小时前电流平均值

单位:　A

* 保存策略:　每次存储　　　　　　　　　　　　　　　　　　　∨

数值定义:　　　显示映射:　+　☑　⤓　⤒

统计点:　采油井三相电流平均值　　　　　　　　　　　　　　∨

统计方法:　平均值　　　　　　　　　　　　　　　　　　　∨

统计周期:　6小时　　　　　　　　　　　　　　　　　　　∨

数据点的数值单位,如电流的单位:A

确定

图 14-28　6 小时前电流平均值配置

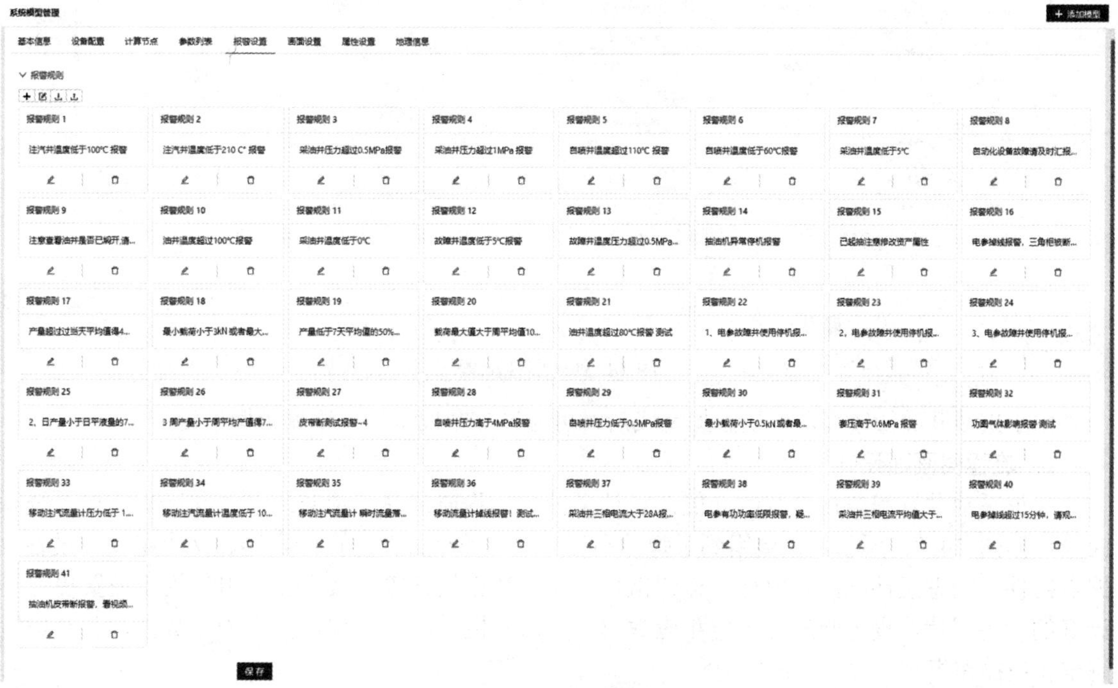

图 14-29　报警配置

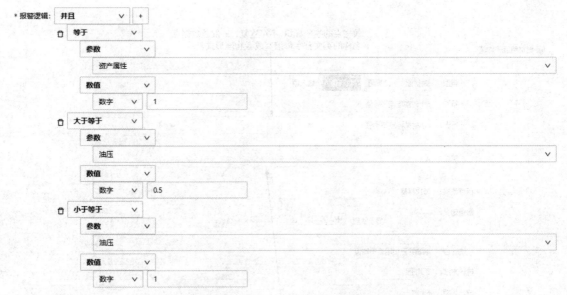

图 14-30 采油井压力超过 0.5MPa 报警规则的报警逻辑设置

图 14-31 属性配置

由于采油井数量较多，模型添加完成后，可通过资产批量导入添加各模型资产。

2. 流程图画面设计

根据采油井远程监控系统的功能，设计采油井远程监控系统画面。采油井远程监控系统画面设计如图 14-32 所示，主要用到了弹性布局容器、栅格容器、自由容器、文本组件、设备数据点组件、状态组件、图片组件、按钮组件、实时数据组件等，其中图片组件用于放置提前设计好的设备图片，设备数据点绑定相应数据，在流程图中单击数据可查看历史数据，各个按钮绑定相应操作指令，实现远程控制。

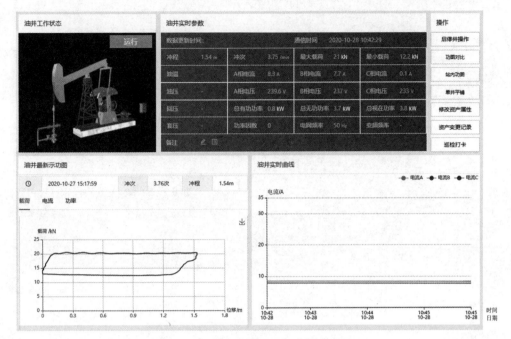

图 14-32　采油井远程监控系统画面设计

14.4　实践作业

给出应用场景与需求，如社区环境监测系统，基于 AIRIOT 进行应用设计与实现。